我爱
烘焙

营养健康的面包

[韩]李宥璇 著

关 慧 译

中国轻工业出版社

图书在版编目（CIP）数据

营养健康的面包 /（韩）李宥璇著；关慧译. ——
北京：中国轻工业出版社，2020.6
ISBN 978-7-5184-2709-3

Ⅰ.①营… Ⅱ.①李… ②关… Ⅲ.①面包 – 制作
Ⅳ.① TS213.21

中国版本图书馆CIP数据核字（2019）第246838号

策划编辑：马　妍　　责任终审：张乃东　　整体设计：锋尚设计
责任编辑：马　妍　　责任校对：晋　洁　　责任监印：张　可

出版发行：中国轻工业出版社（北京东长安街6号，邮编：100740）

印　　刷：北京富诚彩色印刷有限公司

经　　销：各地新华书店

版　　次：2020年6月第1版第1次印刷

开　　本：787×1092　1/16　印张：12

字　　数：200千字

书　　号：ISBN 978-7-5184-2709-3　定价：68.00元

邮购电话：010-65241695

发行电话：010-85119835　传真：85113293

网　　址：http://www.chlip.com.cn

Email：club@chlip.com.cn

如发现图书残缺请与我社邮购联系调换

160928S1X101ZYW

序

我从大学毕业后开始对烘焙感兴趣并深陷其中，从东京糕点学校留学归来后的十二年里也一直从事面包制作。几年前遇见了一些想学做面包的人，他们中的大多数都只做过蛋糕。然而，蛋糕并不属于面包而应归类于糕点。过去，不清楚糕点和面包之间差异的人有很多，但最近这类人群逐渐减少，而想要制作面包并享受那种等待酵母发酵后面团渐渐膨胀的人们增加了许多。

面包是活生生的，即使按照食谱准确地计量，并按照步骤制作也不一定做得出美味的面包。以食谱为基本，随着当日的天气和湿度来调节水分，只有了解面团的状态和酵母的活性才能做出想要的面包。然而，并不需要为了从一开始就能做出完美的面包而下苦功。相反，请津津有味地享受那反复尝试的过程吧！

本书介绍了作为主食也毫不逊色而且用于制作三明治也很不错的营养餐包制作方法。餐包的基础是面包，意大利的代表餐包有夏巴塔和佛卡夏，贝果也是众所周知的早餐包。先从牛奶面包的制作开始吧！把牛奶面包作为基础，添加其他的食材就能轻松制作出只属于自己的面包。夏巴塔、佛卡夏和贝果也可以此类推。掌握了原味夏巴塔、橄榄佛卡夏和原味贝果的食谱，就可以尽情添加自己喜欢的食材了。

这样实践并积累经验，就可以掌握制作面包的理论和酵母发酵的方法了。虽然需要理论，但更重要的是挑战精神。希望读者们可以通过本书收获开心与愉悦。

从东京糕点学校读书时起就在帮助我的韩老师，给我出书勇气的智友姐，不论何时都一口气赶来帮忙的金玉老师，Mashman，孝善姐，淑景，还有说我做的面包最好吃的父母和东实，向他们表达由衷的谢意。

李宥璇

目录
CONTENTS

PART 1　BREAD
面包

即发酵母
水
saf-instant
saf-levure
ACTIVE DRY YEAST
LLesaffre
全麦面粉
粗磨杂粮粉
干性酵母
法式面粉
盐
黑麦面粉
2016-03-28
JENICO
FRESH
YEAST
鲜酵母
面粉

基本材料

制作面包的基本材料有面粉、酵母、盐和水。

面粉 wheat flour

制作面包时通常使用的面粉根据面筋含量的不同分为高筋面粉、中筋面粉和低筋面粉。面团中的蛋白质形成面筋。制作筋道口感的面包需要使用面筋含量高的高筋面粉，而制作酥脆的饼干应使用面筋含量低的低筋面粉。另外，为了增加面包的松软口感，可以将高筋面粉和中筋面粉混合使用。全麦面粉是连同小麦的麸皮一同磨粉制成的，因而纤维素和维生素含量高。黑麦面粉比小麦面粉面筋含量低，因而会降低筋道的口感。粗磨杂粮粉是由多种谷物一同研磨或打碎而制成的杂粮粉，其中包含少量盐分，主要用于增加香甜口感。法式面粉主要用来制作法式长棍面包和夏巴塔等面包。

酵母 yeast

酵母与空气中的其他菌相比更能提升面团的风味。酵母分为含有70%水分的鲜酵母、和面前需要用温水化解的颗粒状干酵母，以及可直接使用的即发酵母。其中即发酵母又分为低糖用和高糖用酵母。

盐 salt

盐是所有饮食中都会使用的重要材料。制作面包时如果不使用盐，则风味就不能释放出来。

水 water

和面时水的用量为面粉重量的50%～90%。占据如此高的比例是因为水对面团的味道、醒发度等十分重要。相比于硬水，最好使用纯净水。

———— **辅助材料** ————

糖 sugar

黑糖是未经提炼且水分含量高的糖类，其独特的香气可增加风味。黄糖中焦糖的色泽更重。有机糖的颗粒粗且未经提炼，含有多种营养素。制作面包时主要使用白糖，其颗粒细且容易获取。葡萄糖、绵白糖、糖粉、砂糖等均可使用。

鲜奶油 fresh cream

牛奶的脂肪分离物，可以使面团松软并保持水分。

牛奶 milk

制作面包时通常会使用全脂牛奶，而不使用低脂牛奶。

鸡蛋 egg

鸡蛋可以增加面团的柔软度和风味。制作面包时一般不分离蛋清和蛋黄，但也可为了增加浓郁的风味而追加蛋黄使用量。

炼乳

鸡蛋

麦芽糖

糖稀

牛奶

酪乳

鲜奶油

脱脂奶粉

蜂蜜

糖

葡萄籽油

橄榄油

黄油

炼乳 condensed milk

在面团中散发甜味，可以使面团变得柔软和绵润。

蜂蜜 honey

作为转化糖的一种，在制作糕点和面包时为了增加风味和香气而使用。

淀粉糖浆 starch syrup

帮助面包获得绵润的口感。

麦芽糖 malt

深色且黏稠的糖类，与糖稀相似，常用于制作欧式面包。

脱脂奶粉 powdered skim milk

帮助面团变柔软且散发香气。

酪乳 buttermilk

与脱脂奶粉和牛奶的作用相似，具有弱酸性，能促进面团发酵。

芥花籽油、葡萄籽油 oil

使用植物油可做出松软的面包，并防止面包老化。

橄榄油 olive oil

常在佛卡夏和夏巴塔等意式面包中使用，散发橄榄香气。

黄油 butter

牛奶的乳脂肪，制作面包时主要使用无盐黄油。

煮锅
保鲜盒
厨用手套
不锈钢盆
ORIGINAL KITCHEN WARE
面包模具
烘焙晾网
毛刷
ON OFF
ZERO
MAX. 5000g d = 1g
秤
铲子
烤盘
剪刀

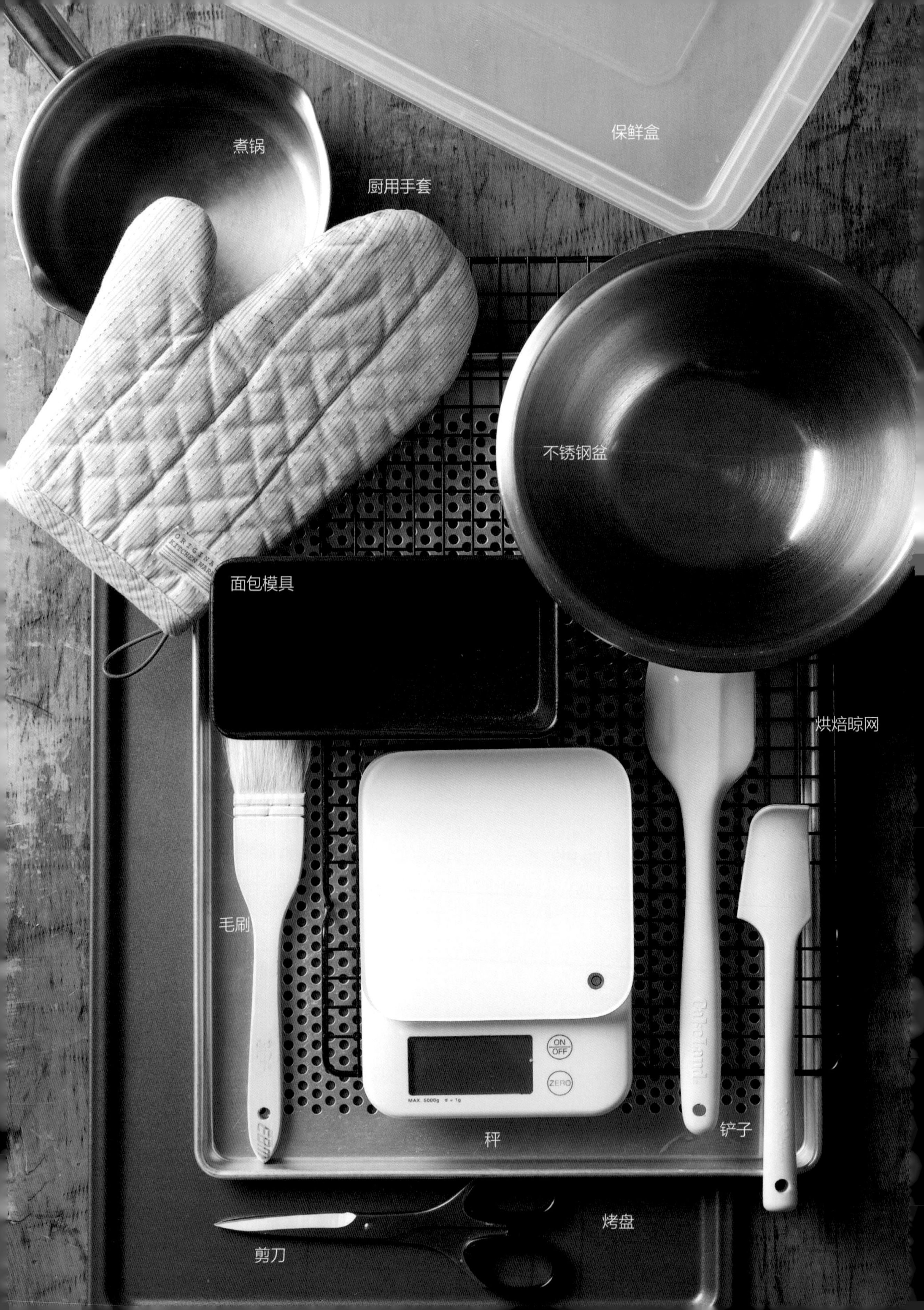

基本工具

| **不锈钢盆** | 用于和面或者准备食材。本书食谱介绍中使用的是直径约为21厘米的不锈钢盆。

| **烤盘、面包模具** | 用于盛放面团进行烤制。

| **秤** | 建议使用量程从1克至5千克的电子秤。

| **铲子** | 混合坚硬的食材时使用木铲，和面或修整形状时使用软硅铲。

| **毛刷** | 用于将奶类、蛋液类和黄油类涂抹在面包上。

| **烘焙晾网** | 冷却面包用的工具，使用带支腿的晾网可以防止面包湿度过大导致快速腐坏。

| **保鲜盒** | 保存面包或发酵时用的半透明盒，可观察面团的发酵情况。

| **煮锅、厨用手套** | 用于煮食材或将贝果面团揉成球形时使用。手套用于从烤箱中取出面包。

| **剪刀、刀** | 用于切开或剪断完成好的面包。

| **刮板** | 和面时用圆形刮板，切分面团时用方形刮板。

| 保鲜膜 | 保护面包不干硬。

| 定时器 | 用于确认和面时间和烤制时间。

| 温度计 | 用于测量水或面团的温度。

| 烤箱温度计 | 最好使用测量温度达到250℃以上的温度计。

| 擀面棍 | 用于将面包铺擀成扁平状。

| 木盘 | 用于将面团放置在上面，搬运到烤箱中。

| 高温烘焙布 | 没有烤盘则可将面团放置在高温烘焙布上，放入烤箱中
烤制。

| 棉布 | 用于面团发酵或法式长棍面包、夏巴塔及欧式
硬面包的二次发酵。

| 面包机 | 用于和面，没有的话也可手工和面。

| 烤箱 | 柜式烤箱的上下火可以设定为不同的温度。恒
温对流烤箱提高了热风的温度，可设定为指定温度。相
对于柜式烤箱，恒温对流烤箱温度更高，面包会更干
硬，所以设定时要比柜式烤箱温度低10℃左右。

*本书中对柜式烤箱和恒温对流烤箱的温度均有标注，家用小型恒温对流烤箱以斯麦格
（SMEG）烤箱为基准。

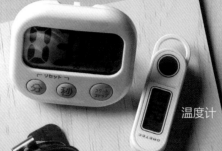

刮板

保鲜膜

特氟龙高温
烘焙布

定时器

温度计

烤箱温度计

刀

木盘

擀面棍

棉布

基本步骤

　　制作面包的步骤以下述方法为基准，若看做是面团承受压力和静置反复交替的过程会更容易理解。

和面—— 一次发酵（压面、揉面）——切分——松弛——成形——二次发酵——烤制

承受较大压力——长时间静置——承受较小压力——短暂静置——承受较大压力——长时间静置——烤制

和面：承受较大压力

　　制作面团最重要的步骤就是和面和一次发酵。和面需要费很多力气让面团产生面筋。酵母发酵产生二氧化碳，且为使面团膨胀需快速用力地揉和面团，最终使蛋白质形成膜状。

一次发酵：长时间静置

　　发酵时，酵母在面筋膜中活跃地发酵，使含有二氧化碳的面团快速膨胀。根据面团的不同，一次发酵中会呈2倍或3倍的膨胀度，一般发酵应在25~32℃。

压面、揉面： 压面和揉面能在一次发酵中增强发酵作用。压面是在发酵后用拳头捶打面团后再轻轻地将膨胀的面团压平。揉面是将面团反复拉长再折叠揉和。有填充物时揉面能使填充物与面团充分混合。酵母在一定程度的发酵后会产生气体，发酵过程就会暂停或变缓。此时，通过压面和揉面将面团的内外部位不断变换，将内部产生的气体排出，酵母得以重新活跃地进行发酵。

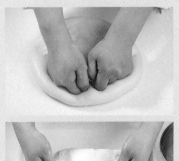

切分： 承受较小压力

一次发酵结束后，将面团切割成一定的大小。在面团发酵后松软的状态下，为使切割出的面团重新形成面筋膜，需要轻轻地团成球形排出气体。

松弛： 短暂静置

接下来将切分后团成球形的面团在室温下再次短暂静置的过程就是松弛。松弛是为了更好的成形而等待的时间。根据气温的不同，一般需要10~20分钟。这段时间酵母会重新活动，面团膨胀至1.5~2倍大且更加松软。

成形：承受较大压力

　　成形是将面团塑造成各种形状的过程，用擀面棍将面团中的气体擀出去并确定形状。不要将面团内部的气体全部擀出去，否则面团在成形时会失去弹性。

二次发酵：长时间静置

　　酵母再次发酵的时间。二次发酵是经过发酵与制作过程的反复交替后，为使酵母最后再充分发挥作用而在稍高的温度下完成的步骤。面包在38~40℃下，欧式面包适宜在25~38℃下，发酵40分钟，在面团膨胀至2倍大时发酵停止。将热水倒入杯中，与面团一起放入盒子里并盖上盒盖。发酵过程中更换2~3次热水来保持温度。使用塑料盒能更好地保持温度。

烤制

　　将面团放入烤箱中烤制的过程。烤箱温度随着面包种类不同而不同，请参考后面各食谱中的标注。在烤箱内烤制的过程中，酵母发酵作用终止。

手工和面

面包和面时一般使用面包机，因为既便捷又节省时间。但是如果没有面包机也是可以制作面包的。用手揉和面团时调节好水分至关重要。

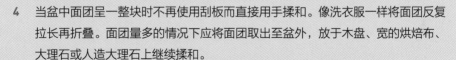

1 准备好不锈钢或塑料材质的盆。
2 以牛奶面包为基础，将所有粉类、酵母和黄油放入盆中称量。
3 在步骤2中加入鸡蛋、牛奶和水，用勺子或刮板搅拌成团。此时调节水分至关重要。准备好温水，水量随气温和湿度的不同，少则占整体的10%~20%，多则占整体的80%，再根据接下来的状态少量追加水量。手工和面费时较长，为使面团充分吸收水分，开始时面团应稀软一些，或者在和面过程中少量多次地用喷雾补充水分。
4 当盆中面团呈一整块时不再使用刮板而直接用手揉和。像洗衣服一样将面团反复拉长再折叠。面团量多的情况下应将面团取出至盆外，放于木盘、宽的烘焙布、大理石或人造大理石上继续揉和。
5 面团经过反复拉长和折叠后产生黏性，将面团由上到下捶打再折叠。
6 松弛10~20分钟后确认面筋状态，此步骤应盖塑料布防止面团变干硬。
7 试着将面团拉长成薄膜并能映透出手指的程度，和面完成并过渡到一次发酵阶段。

—TIP—
小贴士

为了下次发酵应保留部分面团

制作面包最费力气的步骤就是和面，此时如果有陈面团会使和面过程更容易一些。制作面包剩余的面团包入保鲜膜冷藏（1~2天），再冷冻（3~10天）。手工和面中加入陈面团后一起揉和能更快地产生面筋，从而缩短和面时间，而且能使口感变得更有嚼劲并长久维持绵软感。

PART 1

BREAD
——— 面包 ———

牛奶面包

　　牛奶面包是放入了鸡蛋、牛奶和黄油，具有松软清淡口感的面包。以后介绍的所有面包制作方法都以牛奶面包为基础，请先学习本款面包。所有面包的和面、一次发酵步骤均和牛奶面包的制作方法是一样的。随着面包种类的不同仅有切分和成形方法的不用而已。面包在面包模具中呈现出各不相同的模样，并且和面时经过发酵而膨胀的模样、烤制后的模样也都各不相同趣味横生。

小面包模具（165毫米×85毫米×65毫米）2个的分量

―――――― 和面材料 ――――――

高筋面粉 235克

糖 20克

盐 4.5克

奶粉 6克

鲜酵母 8克（或即发酵母 5克）

鸡蛋 27克

牛奶 100克

水 40克

黄油 15克

―――――― 烤制温度和时间 ――――――

柜式烤箱以上下火 175/175℃

恒温对流烤箱 170℃

时间15~18分钟

和面

1 将所有材料放入面包机中低速运转
 2分钟，再中速运转4~8分钟后确认
 面筋状态。面筋状态如图1-2中一
 样拉长面团时能映透出手指的程度
 即可。水（或液体）的量随温度、
 湿度、面团的量的不同而占整体的
 10%~20%。水不能一次性倒入而应
 根据面团状态一点一点地加入。

2 观察状态后再揉和1~2分钟。

3 将面团团成光滑的球形。

一次发酵

4 步骤3的面团温度应为28~30℃。

5 一次发酵30~60分钟，步骤4的面团
 膨胀到2.5倍左右。

---------- 切分 ----------

6　将步骤5的面团切为二等份，每个面团约215克。

---------- 松弛 ----------

7　将切分好的面团分别排出气体并团成球形，松弛约20分钟。

---------- 成形 ----------

8　用擀面棍将步骤7的面团铺擀成椭圆形。

9　将步骤8的面团卷起来。

10　将步骤9的面团放入面包模具中。

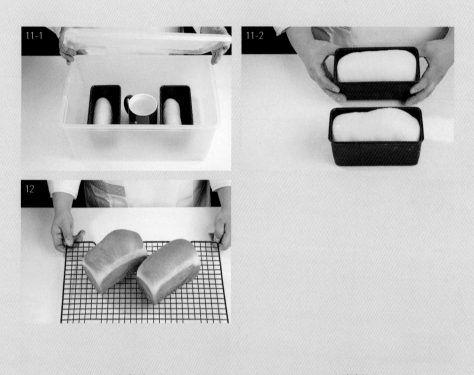

二次发酵
---

11 在38~40℃下将步骤10的面团2次发酵约40分钟。面团高于面包模具上方约1厘米则二次发酵结束。

烤制
---

12 台式烤箱以上下火175/175℃或恒温对流烤箱170℃烤制15~18分钟。

— TIP —
小贴士

适宜的水温：

为使面团完成时面团的温度适宜，一定要了解制作面包时的室温和水温。此时使用的公式为：（面包温度×3）－面粉温度－现在室温＝水温。然而炎热的夏季和面时面包机散发热量，需要使用冰水和面。冬季温度迅速下降，应使用温水和面。面团的温度与一次发酵紧密关联，应尽可能地控制好温度。

奶酪牛奶面包

　　喜欢奶酪的话就在牛奶面包中加入奶酪吧！会做出充满香气且更紧实的面包。

小面包模具（165毫米×85毫米×65毫米）2个的分量

── 和面材料 ──

高筋面粉 235克

糖 20克

盐 4.5克

奶粉 6克

鲜酵母 8克（或即发酵母 5克）

鸡蛋 27克

牛奶 100克

水 40克

黄油 15克

── 附加材料 ──

奶酪条 50克

── 烤制温度和时间 ──

柜式烤箱以上下火 175/175℃

恒温对流烤箱 170℃

时间 15~18分钟

1　将所有和面材料放入面包机中，与牛奶面包以相同方法和面（参照28页），在和面最后阶段将小块奶酪条放入约一半的量，用手充分揉和成一整团后进入一次发酵。

2　将步骤1的面团一分为二，每个230~235克。

3　将切分好的面团分别排出气体并团成球形，松弛约20分钟。

4　将步骤3的面团分别用擀面棍擀成椭圆形。

5　在步骤4的面团上放入余下的小块奶酪条并卷起来。

6　将步骤5的面团放入面包模具中，在38~40℃下二次发酵约40分钟。面团高于面包
　　模具上方约1厘米则二次发酵结束。

7　台式烤箱以上下火175/175℃或恒温对流烤箱170℃烤制15~18分钟。

— TIP —
小贴士

放入奶酪后若太大力揉和则易将奶酪弄碎，所以用适当的力量和面至
关重要。如果和牛奶面包一样，和面后在成形时放入奶酪会制作起来
更简单，但在和面时便放入一部分奶酪再一次发酵的话，会使面包具
有更浓郁的奶酪香气。

肉桂卷面包

虽然肉桂卷面包完成后的模样与牛奶面包完全不同，但是基本制作方法是类似的。制作时肉桂会散发出令人心情愉悦的甜涩香气。

小面包模具（165毫米×85毫米×65毫米）2个的分量

—— 和面材料 ——

高筋面粉 235克

糖 20克

盐 4.5克

奶粉 6克

鲜酵母 8克（或即发酵母 5克）

鸡蛋 27克

牛奶 100克

水 40克

黄油 15克

—— 附加材料 ——

肉桂糖粉 (糖15克 +肉桂粉1克)

朗姆酒腌制的葡萄干 20~40粒

适量的杏仁片，融化的黄油 20克

—— 烤制温度和时间 ——

柜式烤箱以上下火 175/175℃

恒温对流烤箱 170℃

时间 15~18分钟

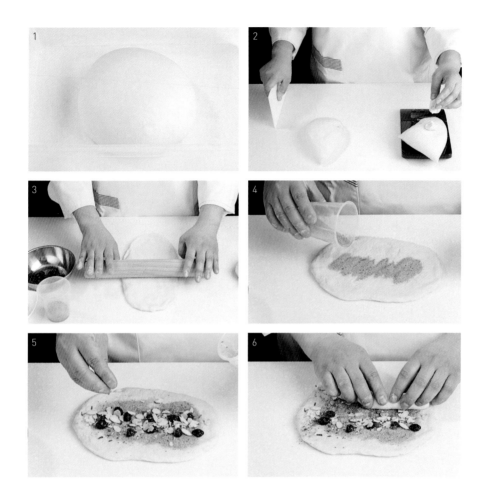

1 将所有和面材料放入面包机中，方法与牛奶面包相同，和面后到一次发酵完成为止（参照28页）。

2 将步骤1的面团一分为二，每个约215克。

3 将步骤2的面团分别用擀面棍擀成椭圆形。

4 用毛刷将融化的黄油涂抹在椭圆形面团的内侧面上，再将肉桂糖粉均匀地洒在上面。

5 在步骤4的面团上洒上葡萄干和杏仁片。

6 将步骤5的面团卷起来。

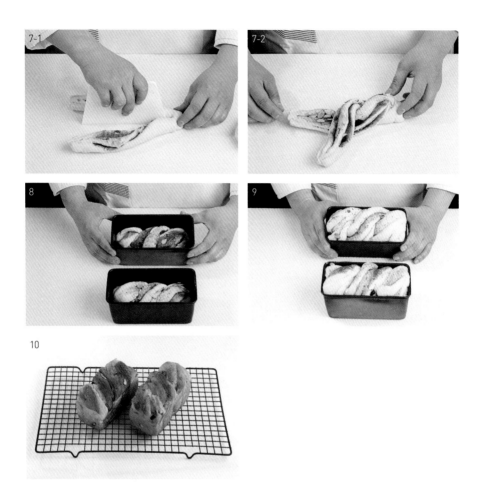

7 用刮板将面团切开，并将截面往上翻出，做成麻花形。

8 将步骤7的面团放于面包模具中。

9 在38~40℃下二次发酵约40分钟。面团高于面包模具上方约1厘米则2次发酵结束。

10 台式烤箱以上下火175/175℃或家用恒温对流烤箱170℃烤制15~18分钟。

—TIP—
小贴士1

在面团上先涂抹融化的黄油能使肉桂糖粉更好地附着于面团上。

—TIP—
小贴士2

麻花形：

将卷状的面团用刮板横向切开，注意末尾处留一点不要切断。将两个末尾处连接的长面团条互扭三次，扭成麻花形。

奶油面包

如果喜欢轻柔口感，那就制作奶油面包吧。不放鸡蛋而呈现出白色，面包的纹理也更柔润。

小面包模具（165毫米×85毫米×65毫米）2个的分量

———— 和面材料 ————

高筋面粉 250克

糖 20克

盐 5克

鲜酵母 8克（或即发酵母 5克）

鲜奶油 50克

水 120克

黄油 15克

———— 烤制温度和时间 ————

柜式烤箱以上下火 175/175℃

恒温对流烤箱 170℃

时间 15~18分钟

1　将所有和面材料放入面包机中，方法与牛奶面包相同，和面后到1次发酵完成为止（参照28页）。

2　将步骤1的面团切为四等份，每个约112克。

3　将切分好的面团分别排出气体并团成球形，松弛约20分钟。

4　将步骤3的面团再次团成球形，为了将面团做出漂亮的球形，可将面团底部揪起一小撮后再将底部向下放置。

5 　将步骤4的面团每两个一起放入面包模具中。

6 　在38~40℃下2次发酵约40分钟。面团高于面包模具上方约1厘米则二次发酵结束。

7 　台式烤箱以上下火175/175℃或家用恒温对流烤箱170℃烤制15~18分钟。

TIP
小贴士

鲜奶油是从牛奶中将富含乳脂肪的部分单独分离出来的产品。
奶油面包因为脂肪含量高而口感柔软清淡。

奶油早餐面包

用制作奶油面包的面团也可以制作成早餐包。比起普通的早餐面包具有更柔软的口感，并且如果在低温下烤制，会烤出有白色面包皮的美味早餐包。

15个的分量

—— 和面材料 ——

高筋面粉 250克

糖 20克

盐 5克

鲜酵母 8克（或即发酵母 5克）

鲜奶油 50克

水 120克

黄油 15克

—— 附加材料 ——

适量的牛奶

鸡蛋 1个

水 30克

少许盐

—— 烤制温度和时间 ——

柜式烤箱以上下火 200/170℃

恒温对流烤箱 190℃

时间 7~8分钟

1　将所有和面材料放入面包机中，方法与牛奶面包相同，和面后到一次发酵完成为止（参照28页）。

2　将步骤1的面团切为15等份，每个28~30克。

3　为使切分好的面团表面光滑，将面团分别团成球形后，松弛15~20分钟。

4　将步骤3的面团再次团成球形，为了将面团做出漂亮的球形，可将面团底部揪起一小撮后再将底部向下放置。

5 将步骤4的面团留有间隔的放入烤盘中，并在面团表面涂上牛奶和蛋液。

6 在40℃下二次发酵约30分钟，面团膨胀至2倍大时二次发酵结束。

7 台式烤箱以上下火200/170℃或家用恒温对流烤箱190℃烤制7~8分钟。如果烤制
白色面包，则应台式烤箱以上下火140/140℃或家用恒温对流烤箱120~140℃烤制
7~8分钟。

— TIP —
小贴士

涂抹牛奶和蛋液：

蛋液由1个鸡蛋、30克水、一小撮盐混合后，去除蛋黄系带或用过滤
网过滤。涂抹牛奶和蛋液的是为了防止面团变干硬，并且可使面包完
成时表面呈现光泽。虽然为了防止完成后面包的水分流失，可以在
烤制后再涂抹牛奶，但是蛋液只能在面团的状态下涂抹，且需涂抹
1~2遍。

葡萄干吐司

小时候和妈妈一起去小区附近的面包店时总是买一大块葡萄干吐司撕着吃。大家也有过从大面包中把甜甜的葡萄干摘出来一颗颗吃的经历吧。在散发肉桂香气的面团中放入葡萄干，一起来制作这个有魅力的面包吧！

立方形面包模具（95毫米×95毫米×95毫米）2个的分量

— 和面材料 —

高筋面粉 250克

炼乳 15克

糖 10克

盐 4.5克

鲜酵母 8克（或即发酵母 5克）

鸡蛋 50克

牛奶 130克

黄油 18克

— 附加材料 —

朗姆酒腌制的葡萄干 80克

肉桂粉 0.4克

— 烤制温度和时间 —

柜式烤箱以上下火 175/175℃

恒温对流烤箱 170℃

时间 17~20分钟

1　将朗姆酒腌制的葡萄干和肉桂粉均匀混合。一半用于和面时放入，另一半用于成
　　形时放入。

2　将所有和面材料放入面包机中，方法与牛奶面包相同（参照28页），在和面最后
　　阶段将步骤1放入，用手充分揉和成一整团后进入一次发酵。

3　将步骤2的面团切为二等份，每个约255克。

4　将切分好的面团分别排出气体并团成球形，松弛约20分钟。

5　将步骤4的面团分别用擀面棍擀成椭圆形，洒上剩余的步骤1并卷起来。

6　将步骤5的面团放入立方形面包模具中。

7　在38~40℃下二次发酵约40分钟。面团膨胀到能够微微碰到面包模具的盒盖时二次发酵结束。

8　台式烤箱以上下火175/175℃或家用恒温对流烤箱170℃烤制17~20分钟。

TIP
小贴士

制作立方体状的面包时要使用带盒盖的正方形面包模具。
面团在模具内发酵完成后，面团膨胀到模具高度的85%时关上盒盖。
等待2~3分钟后略微打开盒盖看一下，面团还没有接触到盒盖（面团大约占据模具的90%）时放入烤箱。

蔓越莓糖粉奶油吐司

　　如果喜欢酥脆的糖粉奶油面包，就来亲手制作吧。放入糖粉、奶油和蔓越莓后制成香喷喷且诱人的面包。

立方形面包模具（95毫米×95毫米×95毫米）2个的分量

—— 和面材料 ——

高筋面粉 250克

糖 22克

盐 4.5克

鲜酵母 8克（或即发酵母 5克）

鸡蛋 50克

牛奶 140克

黄油 20克

—— 附加材料 ——

朗姆酒腌制的蔓越莓 65克

—— 糖粉奶油细末材料 ——

黄油 50克，花生酱 20克，糖 64克，鸡蛋 22克

淀粉糖浆 6克，低筋面粉 100克，泡打粉 2克，小苏打粉 2克

—— 烤制温度和时间 ——

柜式烤箱以上下火 175/175℃

恒温对流烤箱 170℃

时间18~20分钟

1 在盆中放入室温下软化的黄油、花生酱和糖并搅拌。

2 将鸡蛋和糖稀混合后，一点一点地倒入步骤1的材料中进行搅拌。越搅拌，面团
颜色越白。

3 过筛后的低筋面粉、泡打粉和小苏打粉倒入步骤2的材料中，并用铲子轻轻搅拌。

4 为达到糖粉奶油细末的状态，将步骤3的面团用手搓揉。

5 搓揉成完美的颗粒状。

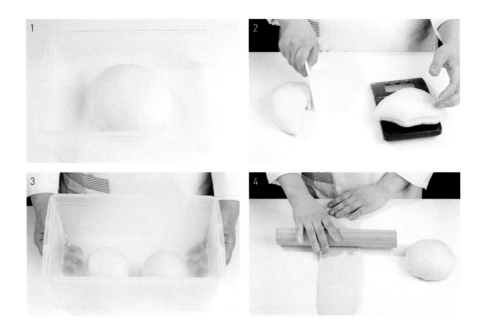

1　将所有和面材料放入面包机中，方法与牛奶面包相同，和面后到一次发酵完成为止（参照28页）。

2　将步骤1的面团一分为二，每个约240克。

3　将切分好的面团分别排出气体并团成球形，松弛约20分钟。

4　将步骤3的面团用擀面棍擀成长条形。

5　在步骤4的面团上放上制作好的糖粉奶油细末和用朗姆酒腌制的蔓越莓后卷起来。

6　将步骤5的面团放入立方形面包模具中。将其中一个面团直接放入模具中，另一个面团从中间切成两段，将两段面团都断面向上放入模具中。

7　将步骤6的面团在38~40℃下二次发酵约40分钟。面团高于面包模具上方约1厘米则二次发酵结束。

8　台式烤箱以上下火175/175℃或家用恒温对流烤箱170℃烤制18~20分钟。

TIP
小贴士

制作糖粉奶油细末时，为方便起见，最好使用手提式搅拌机。
制作面包后，剩余的糖粉、奶油可以放入盆中冷藏或冷冻保藏。

杂粮面包

杂粮面包是加入了黑麦、全麦等超过8种谷物后具有均衡的营养和紧实口感的面包。越嚼越香的风味不论男女老少都很喜欢。

小面包模具（165毫米×85毫米×65毫米）2个的分量

和面材料

高筋面粉 180克

粗磨杂粮粉 75克

糖 20克

盐 3克

鲜酵母 8克（或即发酵母 5克）

鸡蛋 27克

牛奶 100克

水 40克

黄油 20克

烤制温度和时间

柜式烤箱以上下火 175/175℃

恒温对流烤箱 170℃

时间15~18分钟

1. 将所有和面材料放入面包机中，方法与牛奶面包相同，和面后到一次发酵完成为止（参照28页）。

2. 将步骤1的面团切为四等份，每个约115克。

3. 将切分好的面团分别排出气体并团成球形，松弛约20分钟。

4. 将步骤3的面团再次团成球形，为了将面团做出漂亮的球形，可将面团底部揪起一小撮后再将底部向下放置。

5　将步骤4的面团每两个一起放入面包模具中。

6　在38~40℃下二次发酵约40分钟，面团高于面包模具上方约1厘米则二次发酵
　　结束。

7　台式烤箱以上下火175/175℃或家用恒温对流烤箱170℃烤制15~18分钟。

奶油奶酪核桃面包

使用杂粮面包的面团就可以简单地制作出面包店中人气面包之一的奶油奶酪核桃面包。

圆形面包模具（直径10~13毫米）6个的分量

——— **和面材料** ———

高筋面粉 180克

粗磨杂粮粉 75克

糖 20克

盐 3克

鲜酵母 8克（或即发酵母 5克）

鸡蛋 27克

牛奶 100克

水 40克

黄油 20克

——— **附加材料** ———

奶油奶酪 185克

炼乳 20克

干核桃 3个

——— **烤制温度和时间** ———

柜式烤箱以上下火 180/165℃

恒温对流烤箱 170℃

时间10~12分钟

———营养健康的面包———

奶油奶酪馅料的制作方法：

将奶油奶酪和炼乳一起放入碗中，用铲子均匀搅拌混合。

1   将所有和面材料放入面包机中，方法与牛奶面包相同，和面后到一次发酵完成为止（参照28页）。

2   将步骤1的面团切为六等份，每个约75克。

3   将切分好的面团分别排出气体并团成球形，松弛15~20分钟。

4   在步骤3的面团里面分别加入30~35克的奶油奶酪馅料后，轻轻地按压进圆形的模具中并压扁。

5　将步骤4的面团上分别放上半个干核桃，在40℃下二次发酵约30分钟。

6　在步骤5的面团上轻轻地洒上少许面粉。

7　在步骤6的面团上铺一层烘焙布后再盖上铁板。

8　台式烤箱以上下火180/165℃或家用恒温对流烤箱170℃烤制10~12分钟。

墨鱼汁面包

一起来制作放了墨鱼汁而变得乌黑的面包吧！墨鱼汁因为富含牛磺酸对缓解疲劳很有好处。将墨鱼汁加入到面包中会做出清淡且更香喷喷的面包。

小面包模具（165毫米×85毫米×65毫米）2个的分量

———— **和面材料** ————

高筋面粉 250克

盐 3.5克

鲜酵母 8克（或即发酵母 5克）

糖 17克

橄榄油 17克

墨鱼汁 15克

鸡蛋 25克

水 130克

———— **附加材料** ————

奶酪片 3张

奶酪条 30克

洋葱片 10克

———— **烤制温度和时间** ————

柜式烤箱上下火 175/175℃

恒温对流烤箱 170℃

时间15~18分钟

1　将所有和面材料放入面包机中，方法与牛奶面包相同，和面后到一次发酵完成为止（参照28页）。但因为有橄榄油、墨鱼汁等液体食材，所以应注意面团不要揉和得太稀软。和面材料中水的量先减少10%加入后，根据面团的状态再决定是否追加水量。将面团揉和成光滑的球形即可。

2　将步骤1的面团一分为二，每个约220克。

3　将切分好的面团分别排出气体并团成球形，松弛约20分钟。

4　将步骤3的面团用擀面棍擀平后，在面团上放入奶酪片、碎奶酪条和洋葱片，并卷起来。

5 用刮板将面团切开，并将截面往上翻出，做成麻花形（参照39页）。

6 将步骤5的面团放于面包模具中。

7 将步骤6的面团在38~40℃下二次发酵约40分钟。面团高于面包模具上方约1厘米则二次发酵结束。

8 台式烤箱以上下火175/175℃或家用恒温对流烤箱170℃烤制15~18分钟。

—TIP—
小贴士

墨鱼汁可以使用超市中卖的瓶装罐头。

西班牙CEBESA公司生产的墨鱼汁腥味略轻一些。

另外，墨鱼汁带有咸味所以面团中的盐不能多放。

黑啤酒发酵面包

如果使用发酵饮料中的黑啤酒，面包会变得更柔韧。一起来制作具有独特浓郁风味的黑啤酒发酵面包吧。

小面包模具（165毫米×85毫米×65毫米）2个的分量

—————————— 和面材料 ——————————

高筋面粉 200克

全麦面粉 40克

粗磨杂粮粉 40克

糖 20克

盐 4克

鲜酵母 8克（或即发酵母 5克）

黑啤酒 140克

水 40克

—————————— 烤制温度和时间 ——————————

柜式烤箱以上下火 175/175℃

恒温对流烤箱 170℃

时间15~18分钟

1 将所有和面材料放入面包机中，方法与牛奶面包相同，和面后到一次发酵完成为止（参照28页）。

2 将步骤1的面团切为六等份，每个约75克。

3 将切分好的面团分别排出气体并团成球形，松弛20分钟。

4 将步骤3的面团用擀面棍擀成长条形后，如图所示将窄边向中间折叠后再卷起来。

5   将步骤4的面团每三个一起放入面包模具中。

6   在38~40℃下二次发酵约40分钟。面团高于面包模具上方约1厘米则二次发酵
     结束。

7   台式烤箱以上下火175/175℃或家用恒温对流烤箱170℃烤制15~18分钟。

— TIP —
小贴士

可以在黑啤酒发酵面包中加入适合的附加材料。
在和面的最后步骤中放入朗姆酒腌制的葡萄干25克、烘烤过的核桃粉
25克,并用手充分揉和均匀,就可以制作坚果黑啤酒面包了。

纯巧克力吐司

生活中会有那种特写想吃甜味的日子。让放入了浓郁巧克力并拥有可爱外观的面包来转换心情吧！来制作一次加入了满满巧克力的面包如何？

立方形面包模具（95毫米×95毫米×95毫米）2个的分量

和面材料

高筋面粉 225克

可可粉 20克

盐 4.3克

鲜酵母 8克（或即发酵母 5克）

奶粉 6克

黄糖 35克

牛奶和水以1：1混合 140克

鸡蛋 25克

黄油 18克

附加材料

巧克力碎 40克

烤制温度和时间

柜式烤箱以上下火 175/175℃

恒温对流烤箱 170℃

时间16~18分钟

1   将所有和面材料放入面包机中，方法与牛奶面包相同，和面后到一次发酵完成为
      止（参照28页）。

2   将步骤1的面团切为二等份，每个约230克。

3   将切分好的面团分别排出气体并团成球形，松弛约20分钟。

4   将步骤3的面团用擀面棍擀成长条形，在上面撒上巧克力碎并卷起来。

5　将步骤4的面团放入立方形面包模具中。

6　在38~40℃下二次发酵约40分钟，面团膨胀到能够微微碰到面包模具的盒盖时二次发酵结束（参照51页的小贴士TIP）。

7　台式烤箱以上下火175/175℃或家用恒温对流烤箱170℃烤制16~18分钟。

— TIP —
小贴士

可可粉因为太细小而容易结块，所以最好与高筋面粉一起过筛后使用。

另外因为面团吸收的水分很多，因此要调节水分，略多一些面团才会柔软。

比利时产的可可粉和法国产的可可粉香气和味道最好。

巧克力双色面包

将两种不同颜色的面团卷起来制作的面包，既有趣又具有丰富的口感。

小面包模具（165毫米×85毫米×65毫米）2个的分量

———— 和面材料 ————

牛奶面包 面团 130克 2个

高筋面粉 225克，糖 18克，盐 4克

奶粉 6克，鲜酵母 8克（或即发酵母 5克）

鸡蛋 25克，牛奶 90克，水 40克，黄油 15克

纯巧克力吐司 面团 95克 2个

高筋面粉 225克，可可粉 20克，盐 4.3克

鲜酵母 8克（或即发酵母 5克），奶粉 6克

黄糖 35克，牛奶和水以1：1混合 140克，鸡蛋 25克，黄油 18克

———— 烤制温度和时间 ————

柜式烤箱以上下火 175/175℃

恒温对流烤箱 170℃

时间16~18分钟

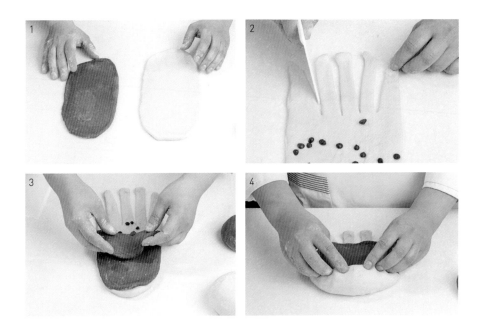

1 准备好一次发酵完成的牛奶面包面团130克（参照28页）和纯巧克力吐司面团95克（参照76页），分别用擀面棍擀成长条状。

2 在步骤1的牛奶面包面团上撒上巧克力碎，用刮板在面团的一边用刀划7~8厘米的口子（5等分）。

3 在步骤2的面团上放上纯巧克力吐司面团。

4 将步骤3的面团从没有划口子的一边开始卷起。

5　将步骤4的面团放入立方形面包模具中，此时牛奶面包的面团间隙可以露出纯巧克力吐司面团。

6　将步骤5的面团在38~40℃下二次发酵约40分钟，面团高于面包模具上方约1厘米则二次发酵结束。

7　台式烤箱以上下火175/175℃或家用恒温对流烤箱170℃烤制16~18分钟。

南瓜豆类吐司

　　将南瓜切好做熟后放入面包面团中就能做出黄灿灿的面包。使用市场上出售的南瓜罐头或南瓜粉，不管怎样都会有人工加工的味道残留，颜色也不纯正。所以，即使辛苦也亲手加工南瓜来使用吧！

立方形面包模具（95毫米×95毫米×95毫米）2个的分量

── 和面材料 ──

高筋面粉 240克

盐 4.3克

鲜酵母 8克（或即发酵母 5克）

糖 22克

奶粉 3克

鸡蛋 15克

南瓜 105克

牛奶 110克（根据南瓜水分的不同会有变化）

黄油 16克

── 附加材料 ──

红豆、四季豆和豌豆

── 烤制温度和时间 ──

柜式烤箱以上下火 175/175℃

恒温对流烤箱 170℃

时间17~20分钟

1   将南瓜去皮放入耐热碗中用微波炉加入5~10分钟，并准备好红豆、四季豆和豌豆。

2   将南瓜和一半量的牛奶倒入搅拌机中进行搅拌。

3   将步骤2的混合物以及所有和面材料放入面包机中，方法与牛奶面包相同，和面后到一次发酵完成为止（参照28页）。如果面团略硬，可追加少许牛奶。

4   将步骤1的面团切为二等份，每个约250克。

5   将切分好的面团分别排出气体并团成球形，松弛约20分钟。

6　将步骤5的面团用擀面棍擀成长条形，在每个面团上各撒上红豆、四季豆和豌豆
　　共50克并卷起来。

7　将步骤6的面团放入立方形面包模具中。

8　将步骤7的面团在38~40℃下二次发酵约40分钟，面团高于面包模具上方约1厘米
　　则二次发酵结束。

9　台式烤箱以上下火175/175℃或家用恒温对流烤箱170℃烤制17~20分钟。

TIP
小贴士

根据熟南瓜的水分含量不同，面团的水分也要适当调整。

牛奶不要一次性全部加入，而要先保留10~20克，根据面团状态再少
量追加。

比起市场上出售的南瓜粉，使用自己蒸熟的南瓜后味道更浓郁自然。

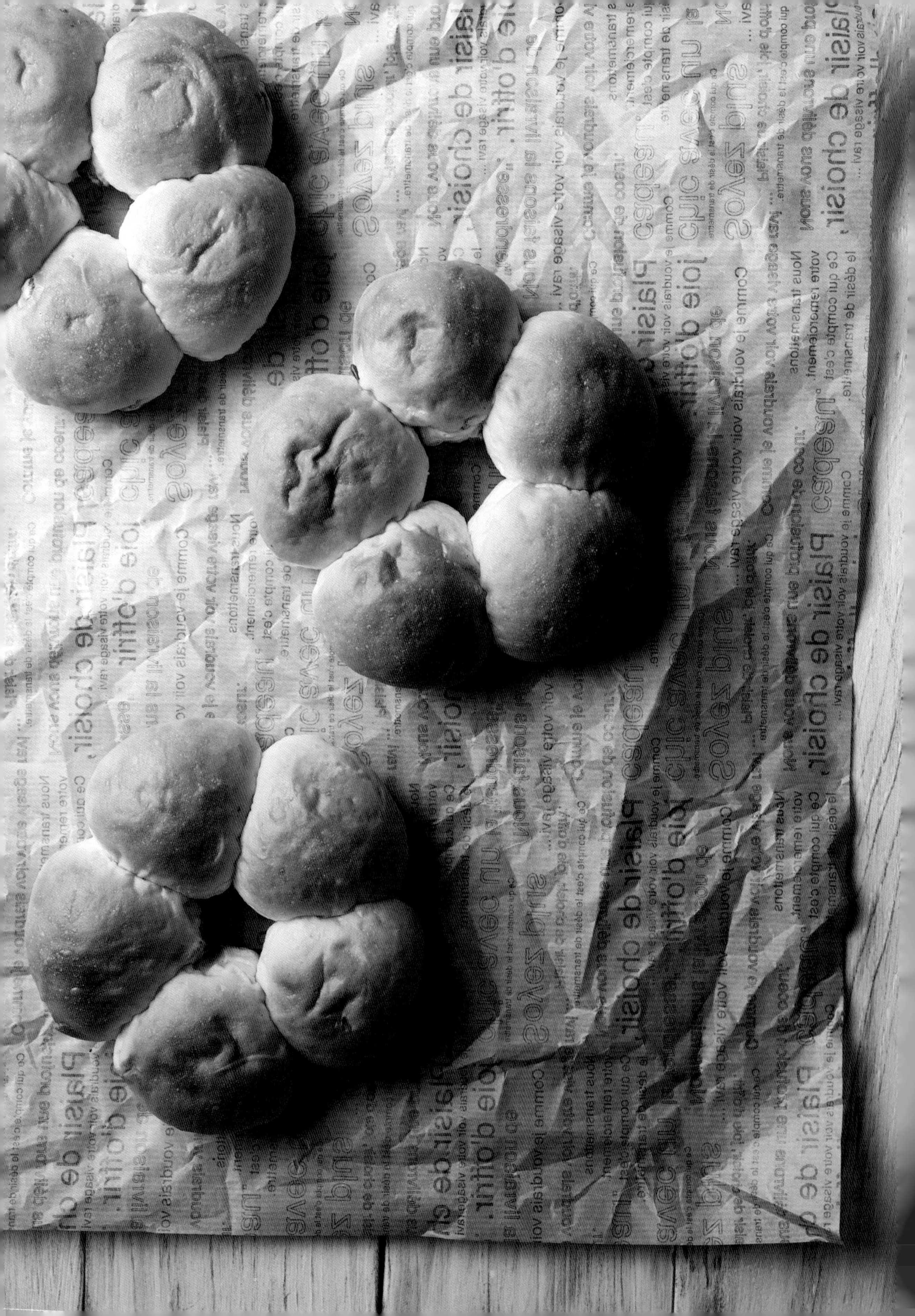

南瓜花型面包

　　将南瓜豆类吐司的面团做成金黄色的花朵形状吧。花型面包制作方法简单，与一般面包相比具有松软柔润的口感。

蛋挞模具（直径16厘米）3个的分量

和面材料

高筋面粉 240克

盐 4.3克

鲜酵母 8克（或即发酵母 5克）

糖 22克

奶粉 3克

鸡蛋 15克

南瓜 105克

牛奶 110克

黄油 16克

附加材料

红豆 80克

烤制温度和时间

柜式烤箱以上下火 200/170℃

恒温对流烤箱 190℃

时间8~10分钟

1 　将所有和面材料放入面包机中，方法与牛奶面包相同（参照28页），在和面最后阶段将红豆放入，用手充分揉和成一整团后进入一次发酵。

2 　将步骤1的面团切为15等份，每个约38克。

3 　将切分好的面团分别排出气体并团成球形，松弛15~20分钟。

4 　将步骤3的面团再次团成球形，每5个面团一起有间隔地放入直径16厘米的蛋挞模具中。

5 在步骤4的面团表面涂上牛奶和蛋液（参照47页）。

6 将步骤5的面团在40℃下二次发酵约30分钟，面团膨胀至2倍大时则二次发酵结束。

7 台式烤箱以上下火200/170℃或家用恒温对流烤箱190℃烤制8~10分钟。

蓝莓吐司

将蓝莓整个放入后制作成的面包。不甜腻且拥有蓝莓清爽的口感，自然的紫色也十分漂亮。

立方形面包模具（95毫米×95毫米×95毫米）2个的分量

和面材料

高筋面粉 250克

盐 4.5克

鲜酵母 8克（或即发酵母 5克）

糖 18克

奶粉 10克

冷冻蓝莓 90克

水 90克

黄油 20克

烤制温度和时间

柜式烤箱以上下火 175/175℃

恒温对流烤箱 170℃

时间17~20分钟

1   将冷冻蓝莓和水一起倒入搅拌机搅拌10~20秒。

2   将步骤1的混合物以及所有和面材料放入面包机中，方法与牛奶面包相同，和面
     后到一次发酵完成为止（参照28页）。

3   将步骤2的面团切为二等份，每个约235克。

4   将切分好的面团分别排出气体并团成球形，松弛约20分钟。

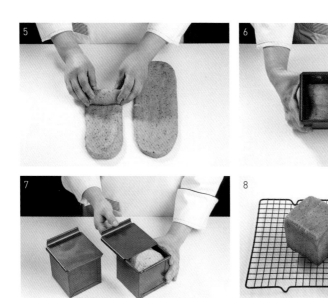

5　将步骤4的面团用擀面棍擀成长条形后卷起来。

6　将步骤5的面团放入立方形面包模具中。

7　将步骤6的面团在38~40℃下二次发酵约40分钟，面团膨胀到能够微微碰到面包模具的盒盖时二次发酵结束（参照51页的小贴士TIP）。

8　关上面包模具的盒盖后，台式烤箱以上下火175/175℃或家用恒温对流烤箱170℃烤制17~20分钟。

— TIP —
小贴士

冷冻蓝莓和水一起搅拌时的温度不能太低。

面团温度应在20℃左右与室温接近，发酵才能持续进行。

蓝莓的果皮厚或果肉少的情况下多放入水一起搅拌，反之则减少水量。

蓝莓猴子面包

猴子面包（Monkey Bread）就如同猴子采摘果实一样，要一块一块摘着吃，十分有趣，是在蓝莓吐司的面团中增加甜味后做成皇冠形状的面包。

咕咕霍夫模具（直径16毫米）2个的分量

和面材料

高筋面粉 385克

盐 7克

鲜酵母 12克（或即发酵母 6克）

糖 28克

奶粉 16克

蓝莓 140克

水 140克

黄油 30克

附加材料

杏仁片、巧克力碎 各15克

糖 30克

烤制温度和时间

柜式烤箱以上下火 180/190℃

恒温对流烤箱 180~185℃

时间17~20分钟

1 　将冷冻蓝莓和水一起倒入搅拌机搅拌10~20秒。

2 　将步骤1的混合物以及所有和面材料放入面包机中，方法与牛奶面包相同，和面后到一次发酵完成为止（参照28页）。

3 　将步骤2的面团切为二等份，每个约360克。

4 　将切分好的面团分别排出气体并揉成圆柱形，松弛约20分钟。

5 　将步骤4的面团用手搓成细棍形同时排出气体。

6 　将步骤5的面团用刮板切成36~40等份。

7 将步骤6的面团表面均匀地蘸上糖。

8 将步骤7的面团放入咕咕霍夫模具中，像砌砖一样放入，且每个间隙处放上杏仁片和巧克力碎。

9 将步骤8的面团在38~40℃下二次发酵约40分钟。台式烤箱以上下火180/190℃或家用恒温对流烤箱180~185℃烤制17~20分钟。

—— TIP ——
小贴士1

根据冷冻蓝莓的种类不同，为了不让面团过于细软或变浓稠，要调节好水量（参照93页TIP）。

—— TIP ——
小贴士2

在烤制期间为了使面团表面蘸上的糖产生焦糖色，要调节好烤箱温度。高温下烤制才能使糖更好地焦糖化。

圣女果面包

制作一款意式风味的酸甜味圣女果面包吧！在家中加入亲手制作的半干燥圣女果，就能制作出颜色漂亮且有益健康的圣女果面包了。

小面包模具（165毫米×85毫米×65毫米）2个的分量

—— 和面材料 ——

高筋面粉 260克

糖 25克

盐 5克

鲜酵母 8克（或即发酵母 5克）

牛奶 85克

水 85克

黄油 25克

—— 附加材料 ——

圣女果 14个

橄榄油 1勺

—— 烤制温度和时间 ——

柜式烤箱以上下火 175/175℃

恒温对流烤箱 170℃

时间15~18分钟

1 将圣女果切为两半后放入不锈钢盆中，倒入1勺橄榄油充分搅拌，使圣女果表面均匀地沾上橄榄油。

2 在烤盘中铺上烘焙布，将步骤1的圣女果铺开放置，放入烤箱以150℃烤制20分钟。

3 将烤箱温度降低至100℃，慢慢干燥20~40分钟后拿出来在室温下冷却。

4 将所有和面材料放入面包机中，方法与牛奶面包相同，和面后到一次发酵完成为止（参照28页）。

5 将步骤4的面团切为八等份，每个约58克。

6 将切分好的面团分别排出气体并揉成圆柱形，松弛约20分钟。

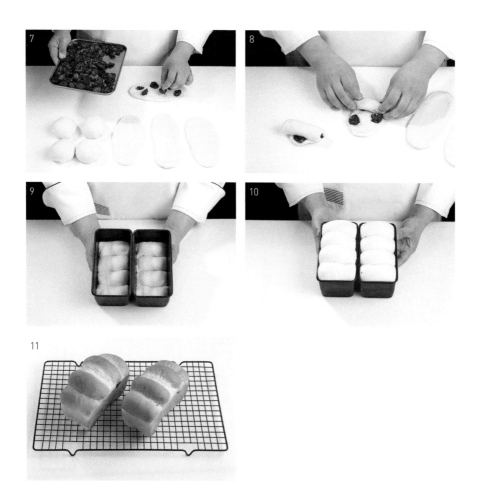

7 将步骤6的面团用擀面棍擀成椭圆形后，每个面团上放上5~6个步骤3的圣女果。

8 将步骤7的面团分别卷起来。

9 将步骤8的面团每4个为一组放入面包模具中。

10 将步骤9的面团在38~40℃下二次发酵约40分钟，面团高于面包模具上方约1厘米则二次发酵结束。

11 台式烤箱以上下火175/175℃或家用恒温对流烤箱170℃烤制15~18分钟。

— TIP —
小贴士

制作半干燥的圣女果时，为了不烤焦，应在低温下慢慢干燥。

橄榄奶酪吐司

放入绿橄榄和黑橄榄，与意式料理相衬的一款面包。如同把夏巴塔放入面包模具中烤制一样，口感清淡。

立方形面包模具（95毫米×95毫米×95毫米）2个的分量

—— **和面材料** ——

高筋面粉 265克

糖 12克

盐 4.8克

鲜酵母 8克（或即发酵母 5克）

水 165克

橄榄油 25克

—— **附加材料** ——

绿橄榄、黑橄榄 各10个

奶酪条 40个

—— **烤制温度和时间** ——

柜式烤箱以上下火 130/140℃

恒温对流烤箱 140℃

时间约20分钟

1　将所有和面材料放入面包机中，方法与牛奶面包相同，和面后到一次发酵完成为
　　止（参照28页）。

2　将步骤1的面团切为二等份，每个约230克。

3　将切分好的面团分别排出气体并团成球形，松弛约20分钟。

4　将步骤4的面团用擀面棍擀成长条形，放上橄榄和小块奶酪条后卷起来。

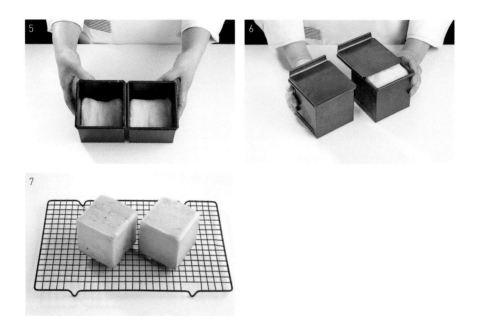

5 将步骤4的面团放入立方形面包模具中。

6 将步骤5的面团在38~40℃下二次发酵约40分钟，面团膨胀到能够微微碰到面包模
具的盒盖时二次发酵结束（参照51页的小贴士TIP）。

7 关上面包模具的盒盖后，台式烤箱以上下火130/140℃或家用恒温对流烤箱140℃
烤制约20分钟。

— TIP —
小贴士

若想制作白色橄榄奶酪吐司，则将烤箱温度降低10℃左右后进行烤制。
恒温对流烤箱应在140℃下烤制10分钟后，再以110℃下烤制即可。

胡萝卜面包

许多人都很喜欢胡萝卜蛋糕。胡萝卜面包相比于蛋糕而言更清淡，即使每天食用也不会担心健康问题。

小面包模具（165毫米×85毫米×65毫米）2个的分量

和面材料

高筋面粉 235克

玉米粉 10克

糖 16克

盐 4.5克

鲜酵母 8克（或即发酵母 5克）

胡萝卜 80克

牛奶 130克

芥花籽油 17克

烤制温度和时间

柜式烤箱以上下火 175/175℃

恒温对流烤箱 170℃

时间15~18分钟

1 将胡萝卜用食品加工机切成细丝。

2 将步骤1和所有和面材料放入面包机中，方法与牛奶面包相同，和面后到一次发
   酵完成为止（参照28页）。

3 将步骤2的面团切为二等份，每个约235克。

4 将切分好的面团分别排出气体并团成球形，松弛约20分钟。

5   将步骤4的面团用擀面棍擀成长条形后卷起来。

6   将步骤5的面团放入面包模具中。

7   将步骤6的面团在38~40℃下二次发酵约40分钟，面团高于面包模具上方约1厘米
    则二次发酵结束。

8   台式烤箱以上下火175/175℃或家用恒温对流烤箱170℃烤制15~18分钟。

— TIP —
小贴士1

胡萝卜丝的水分很多，因此和面时要调节好水分。
将牛奶留10克左右，根据面团的状态少量追加。

— TIP —
小贴士2

想要凸显胡萝卜的颜色，则用台式烤箱以上下火120/140℃或恒温对
流烤箱140℃下烤制10分钟后再以110℃下烤制即可。

蔬菜面包

使用胡萝卜面包的面团，加入满满的胡萝卜、西芹、洋葱、玉米等蔬菜制作的面包。做成早餐包的大小吃起来更方便。

15个的分量

和面材料

高筋面粉 235克

玉米粉 10克

糖 16克

盐 4.5克

鲜酵母 8克（或即发酵母 5克）

水 145克

芥花籽油 17克

西芹 1大勺

附加材料

胡萝卜·洋葱·玉米（罐头）各40克

烤制温度和时间

柜式烤箱以上下火 200/170℃

恒温对流烤箱 190℃

时间7~8分钟

1　将胡萝卜用食品加工机切成细丝，洋葱切成小块并一起倒入煎锅中炒出颜色即
　　可。玉米去除水分后备用。蔬菜所含水分过多时可用厨用纸巾去除水分。

2　将所有和面材料放入面包机中，方法与牛奶面包相同方法（参照28页），在和面
　　最后阶段将步骤1放入，用手充分揉和成一整团后进入一次发酵。

3　将步骤2的面团切为15等份，每个约36克。

4　为使切分好的面团表面光滑，将面团分别团成球形后，松弛约20分钟。

5 将步骤4的面团留有间隔的放入烤盘中，并在面团表面涂上牛奶和蛋液（参照47页）。

6 将步骤5的面团在40℃下二次发酵约30分钟，面团膨胀至2倍大时则二次发酵结束。

7 台式烤箱以上下火200/170℃或家用恒温对流烤箱190℃烤制7~8分钟。如果烤制白色面包，则用台式烤箱以上下火140/140℃或家用恒温对流烤箱120~140℃烤制7~8分钟。

—TIP—
小贴士

胡萝卜丝的水分很多，因此和面时要调节好水分。
西芹重量轻所以按体积称量。

洋葱面包

　　洋葱加热后，辛辣味会减少而略微发甜。加入了洋葱的面包会有一种熟悉感，变得津津有味。

小面包模具（165毫米×85毫米×65毫米）2个的分量

和面材料

高筋面粉 250克

糖 18克

盐 4.5克

鲜酵母 8克（或即发酵母 5克）

洋葱 75克

水 100克

橄榄油 17克

烤制温度和时间

柜式烤箱以上下火 175/175℃

恒温对流烤箱 170℃

时间15~18分钟

1　将洋葱四等分后用食品加工机切成长条。切成条后的洋葱浸入凉水中漂洗2~3次去除辛辣味。漂洗过的洋葱去除水分后的总重量约为175克。

2　将步骤1以及所有和面材料放入面包机中，方法与牛奶面包相同，和面后到一次发酵完成为止（参照28页）。

3　将步骤2的面团切为二等份，每个约220克。

4　将切分好的面团分别排出气体并团成球形，松弛约20分钟。

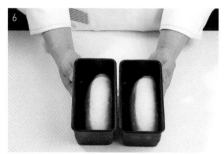

5　将步骤4的面团用擀面棍铺擀成长条形后卷起来。

6　将步骤5的面团放入面包模具中。

7　将步骤6的面团在38~40℃下二次发酵约40分钟，面团高于面包模具上方约1厘米则二次发酵结束。

8　台式烤箱以上下火175/175℃或家用恒温对流烤箱170℃烤制15~18分钟。

—TIP—
小贴士1

洋葱大小切得不同，去除水分也不同，和面时根据情况略微加水。
以牛奶面包的面团为基础制作其他面包至关重要。

—TIP—
小贴士2

面团成形时内面涂抹蛋黄酱后再卷起来会更柔软有风味。

玉米吐司

小时候非常喜欢吃玉米馒头，但现在却很难买得到了。所以用玉米粉亲手制作饱含回忆又香喷喷的玉米吐司吧。

立方形面包模具（95毫米×95毫米×95毫米）2个的分量

──────── **和面材料** ────────

高筋面粉 200克

玉米粉 60克

糖 30克

盐 5克

鲜酵母 7克（或即发酵母 5克）

鸡蛋 50克

牛奶 68克

水 68克

黄油 25克

──────── **烤制温度和时间** ────────

柜式烤箱以上下火 175/175℃

恒温对流烤箱 170℃

时间15~18分钟

1　将所有和面材料放入面包机中，方法与牛奶面包相同，和面后到一次发酵完成为
　　止（参照28页）。

2　将步骤1的面团切为二等份，每个约250克。

3　将切分好的面团分别排出气体并团成球形，松弛约20分钟。

4　为使步骤3的面团表面光滑，再一次团成球形。

5　将步骤4的面团用擀面棍擀成长条形后卷起来，步骤4的面团放入面包模具中。

6　将步骤5的面团在38~40℃下二次发酵约40分钟，面团高于面包模具上方约1厘米
　　则二次发酵结束。

7　台式烤箱以上下火175/175℃或家用恒温对流烤箱170℃烤制15~18分钟。

—TIP—
小贴士

加入了玉米粉的面团与其他面包相比面筋和黏性较少，为达到其他面
包面团一样的黏性应注意和面时间不能太长。
在和面步骤的最后阶段或成形步骤中放入玉米粒，增加了咀嚼的
乐趣。

糙米饭面包

将每天都会吃的米饭作为制作面包的食材会怎样呢？有益于健康的糙米饭放入面团中做成黏糯有嚼劲的糙米饭面包。使用糯米和糙米混合后做出的饭黏性更佳。

小面包模具（165毫米×85毫米×65毫米）2个的分量

────── **和面材料** ──────

高筋面粉 190克

全麦面粉 50克

糖 23克

盐 4.5克

鲜酵母 8克（或即发酵母 5克）

牛奶 50克

水 110克

芥花籽油 15克

糙米饭 70克

────── **烤制温度和时间** ──────

柜式烤箱以上下火 175/175℃

恒温对流烤箱 170℃

时间15~18分钟

1　在糙米饭中加入芥花籽油7.5克均匀混合。

2　将剩余的芥花籽油以及所有和面材料放入面包机中，方法与牛奶面包相同（参照28页），在和面最后阶段将步骤1放入，用手充分揉和成一整团。为保持饭粒饱满应轻轻地揉和面团。

3　将步骤2的面团和牛奶面包以相同的方法进行一次发酵。

4　将步骤3的面团切为二等份，每个约240克。

5　将切分好的面团分别排出气体团成球形，松弛约20分钟。

6　将步骤5的面团用擀面棍擀成长条形后卷起来。

7　将步骤6的面团放入面包模具中。

8　将步骤7的面团在38~40℃下二次发酵约40分钟，面团高于面包模具上方约1厘米
则二次发酵结束。

9　台式烤箱以上下火175/175℃或家用恒温对流烤箱170℃烤制15~18分钟。

TIP
小贴士

和面时应根据全麦面粉麦麸含量的不同来调节水量，全麦面粉中麦麸
含量越多则水量也相应增加。
糙米饭中的水分含量不同会导致揉和后面团也不同。
在和面的最后阶段加入糙米饭则不会弄碎饭粒。

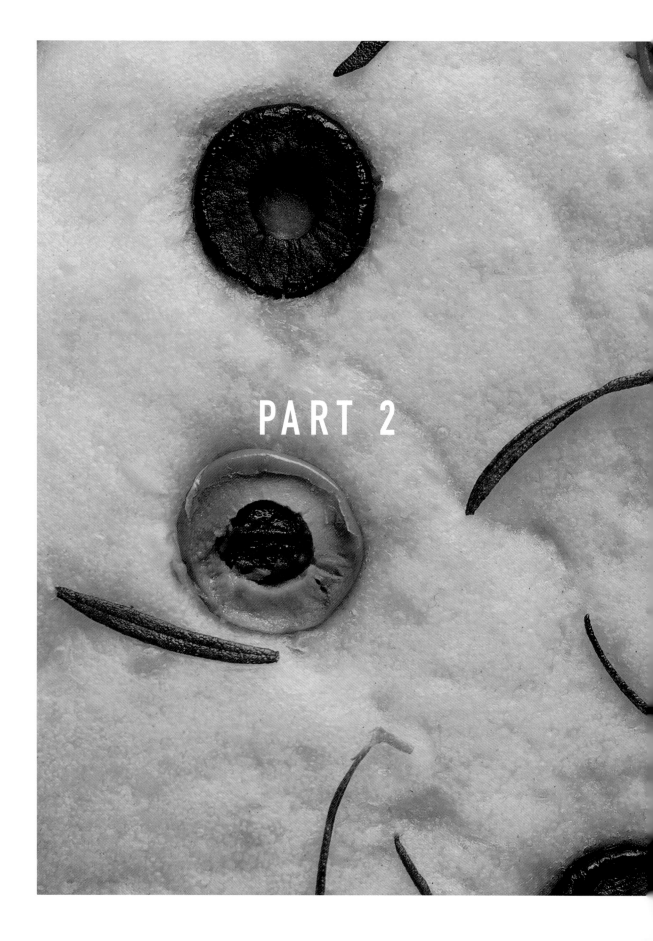

PART 2

CIABATTA
&
FOCACCIA
— 夏巴塔和佛卡夏 —

原味夏巴塔

意大利的代表面包夏巴塔以其清淡的口感而大受欢迎。不论是制作成三明治，还是混合了橄榄油和意大利香醋后直接蘸着吃，都十分的美味。后面介绍的所有夏巴塔食谱都以原味夏巴塔食谱为基础来制作。

3个的分量

酵头面团材料

高筋面粉 100克

水 100克

鲜酵母 0.4克（或即发酵母 0.2克）

主面团材料

高筋面粉 170克

全麦面粉·黑麦面粉 各2克

盐 4~5克

鲜酵母 3克（或即发酵母 1克）

水 110克

 酵头面团

1　提前一天将酵头面团的所有材料倒入碗中充分混合成团。

2　将步骤1的碗盖上保鲜膜，或将面团放入有盒盖的保鲜盒中。如果使用保鲜膜，需在保鲜膜上打2~3个孔使空气流通，如果选择放入保鲜盒中则不要将盒盖完全关闭。

3　将步骤2的面团在室温中（约24℃）发酵15个小时以上。面筋状态像蜘蛛网一样可以有弹性地拉长即完成。

———— 和面 ————

4　在步骤3的面团中加入主面团材料并用铲子轻轻地搅拌混合。

5　将步骤4放入面包机中搅拌6~10分钟，直至产生光滑的面筋。

*　根据夏巴塔种类的不同可在和面步骤中加入各种附加材料。本书中将介绍土豆夏巴塔、橄榄迷迭香夏巴塔和墨鱼汁奶酪夏巴塔，在步骤5中加入附加材料即可。

一次发酵，揉面

6　步骤5的面团温度应为26℃，在室温下或在恒温28℃的地方进行一次发酵。

7　一次发酵开始20~30分钟后暂时拿出进行揉面。为防止面团稀软而粘在手上，将手浸泡在冰水中，用变凉的手拉长面团并折叠。

8　夏季室温较高，面团可在1小时内膨胀到2倍大小。冬季室温较低，需要再轻轻地进行一次揉面后待面团膨胀到2倍大时一次发酵完成。

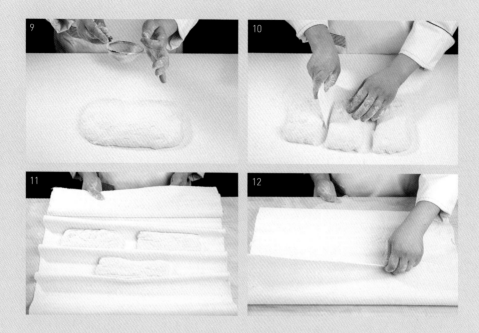

切分

9   在步骤8的面团上再洒一些高筋面粉后放在操作台上，并做成长方形。

10   将步骤9的面团用刮板切为三等份，每个约为150克。

二次发酵

11   在棉布上均匀撒上大量的高筋面粉后，将切分好的面团移动到棉布上二次发酵30~40分钟。面团在棉布上应相连放置，面团发酵时为防止侧面下垂则将面团两侧的棉布立起以托住面团。

12   为防止面团顶面变干硬，需用棉布盖住面团表面。

——— 烤制 ———

13 发酵结束后用木盘或刮板将面团移动到特氟龙高温烘焙布上。此时面团的底面被翻转至顶面。

14 台式烤箱以上下火230/220℃或家用恒温对流烤箱220℃进行预热。恒温对流烤箱要提前预热，将特氟龙

高温烘焙布上的面包一起放入已经预热的烤箱中烤制约10分钟。（台式烤箱则在放进面团后将上下火降低至220/200℃。）烤出颜色后若喜欢外皮香脆的口感，则再多烤制5~8分钟。

— TIP —
小贴士

使用恒温对流烤箱时注意不要将面包烤焦。
使用特氟龙高温烘焙布而不使用烤盘的理由是为了让面团直接受热。将面团放在没有加热的烤盘上，烤盘加热期间会占用一部分面团膨胀时间。在这期间面包顶面已受热而面团整体并没有完全膨胀，烤制出的面包会很干硬。
没有全麦面粉和黑麦面粉时可以省略。
使用法式面粉（T55、T65）则口感更佳。

各种夏巴塔的制作

制作过原味夏巴塔后
略微改变一些食材就可以制作出各种不同风味的夏巴塔了。
仅面团中加入的食材不同而已，制作方法都是相同的。

土豆夏巴塔

对原味夏巴塔略感厌烦的时候，加入已做熟的土豆后制作出口感清淡又有嚼劲的夏巴塔吧！刚烤出炉的土豆夏巴塔，只要吃过一次就无法忘记。

酵头面团材料 ————————
高筋面粉 100克，水 100克，鲜酵母 0.4克（或即发酵母 0.2克）

主面团材料 ————————
高筋面粉 170克，盐 5克，鲜酵母 3克（或即发酵母 1克），水 90克，熟土豆 60克，橄榄油 20克

制作方法 ————————
制作方法与原味夏巴塔相同（参照130页），只是在面团中加入碾碎的熟土豆即可。为防止土豆吸收过多的水分可用蒸锅蒸熟，如果喜欢土豆的粗颗粒感就连皮一起碾碎，并加入到面团中。
如果想从外观上就可以看见零星的土豆颗粒，在和面的最后阶段加入土豆，揉和不超过1分钟，这样土豆的粗颗粒就可以保留下来，做出独特的口感。

橄榄迷迭香夏巴塔

橄榄是与夏巴塔最搭配的食材。制作一款散发着迷迭香香气的黑橄榄夏巴塔吧！最好使用橄榄罐头来制作，以免橄榄的口感过于有嚼劲。

酵头面团材料 ————————————
高筋面粉 100克，水 100克，鲜酵母 0.4克（或即发酵母 0.2克）

主面团材料 ————————————
高筋面粉 170克，盐 4克，鲜酵母 3克（或即发酵母 1克），水 90克，黑橄榄 70克，橄榄油 20克，迷迭香 1~2小勺

制作方法 ————————————
制作方法与原味夏巴塔相同（参照130页），只是在主面团材料中加入黑橄榄。将黑橄榄从罐头中取出，用筛过滤掉水分后分成2~3等份。在步骤5产生面筋时将黑橄榄加入到面包机中，并低速运转30~60秒。
如果橄榄的味道过咸则用水漂洗后使用厨用纸巾擦干后备用。一定要在和面的最后阶段加入橄榄，这样才能确保橄榄的形状不被弄碎。

墨鱼汁奶酪夏巴塔

　　制作一款加入了墨鱼汁、散发着海洋气息的夏巴塔吧！增加奶酪可以为清淡的口感上添加浓香的风味。

酵头面团材料 ———————————
高筋面粉 100克，水 100克，鲜酵母 0.4克（或即发酵母 0.2克）

主面团材料 ———————————
高筋面粉 170克，盐 3克，鲜酵母 3克（或即发酵母 1克），水 90克，墨鱼汁 16克，橄榄油 20克，奶酪条 60克

制作方法 ———————————
制作方法与原味夏巴塔相同（参照130页），只是在主面团材料中加入了小块奶酪条，在步骤5产生面筋时将小块奶酪条加入面包机中，并低速运转30~60秒。
使用瓶装的墨鱼汁罐头。墨鱼汁和奶酪中都含有少许盐分，因此和面时的盐分要少放。

橄榄佛卡夏

佛卡夏和夏巴塔都是在意大利很受欢迎的面包。虽然和夏巴塔的制作方法类似，但本品因为加入了更多的橄榄而更加绵软。以后介绍的所有佛卡夏食谱都以橄榄佛卡夏食谱为基础。

2号蛋挞磨具（直径16厘米）3个的分量

酵头面团材料
高筋面粉 100克

水 90克

鲜酵母 0.4克（或即发酵母 0.2克）

主面团材料
高筋面粉 170克

盐 4克

糖 3克

鲜酵母 3克（或即发酵母 1克）

水 90克

橄榄油 30克

附加材料
橄榄 9个

迷迭香、橄榄油 各少许

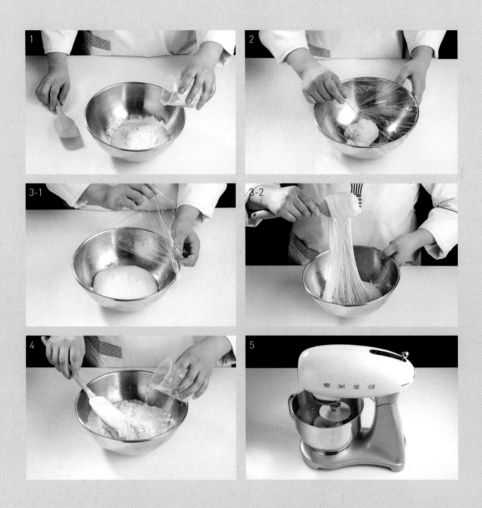

酵头面团

1. 提前一天将酵头面团的所有材料倒入碗中充分混合成团状。

2. 将步骤1的碗盖上保鲜膜，或将面团放入有盒盖的保鲜盒中。如果使用保鲜膜，需在保鲜膜上打2~3个孔使空气流通；如果选择放入保鲜盒中，则不要将盒盖完全关闭。

3. 将步骤2的面团在室温中（约24℃）发酵15个小时以上。面筋状态像蜘蛛网一样可以有弹性地拉长即完成。

和面

4. 在步骤3的面团中加入主面团材料，并用铲子轻轻地搅拌混合。

5. 将步骤4的材料放入面包机中搅拌6~10分钟，直至产生光滑的面筋。

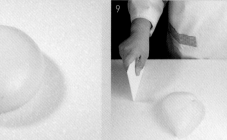

一次发酵，压面	切分

6 步骤5的面团温度应为26℃，在室温下或在恒温28℃的地方进行一次发酵。

7 一次发酵开始20~30分钟后拿出进行压面。用拳头轻砸面团4~5次，将气体排出后团成一个大球形（也可用揉面代替压面）。

8 夏季室温较高，面团可在1小时内膨胀到2倍大小。冬季室温较低，需要再轻轻地进行一次揉面，待面团膨胀到2倍大时一次发酵完成。

9 将步骤8的面团用刮板切分为3等份，每个约150克。

--- 松弛 ---

10 将步骤9的面团分别轻轻地团成球形，松弛约20分钟。

--- 成形 ---

11 当面团膨胀到1.5倍大时，用擀面棍擀成与2号蛋挞模具大小相符的圆形。将切为两半的橄榄和迷迭香按压进面团中，并在表面轻轻涂抹上橄榄油。

--- 二次发酵，烤制 ---

12 将步骤11的面团在室温下或32~35℃的恒温处进行二次发酵约30分钟。台式烤箱以上下火230/230℃进行预热，放进面团后将上下火降低至210/200℃并使用蒸汽功能，烤制10分钟。观察面包表面的颜色，烤出颜色时可再多烤制2~5分钟。或使用家用恒温对流烤箱以220℃进行预热，放进面团后在200~210℃下烤制10分钟（可省略蒸汽功能）。

—TIP—
小贴士

使用恒温对流烤箱时应观察面包表面的颜色，可适当降低温度。
如果喜欢辛辣口感，可在步骤11中将橄榄和墨西哥胡椒一起按压进面团中。

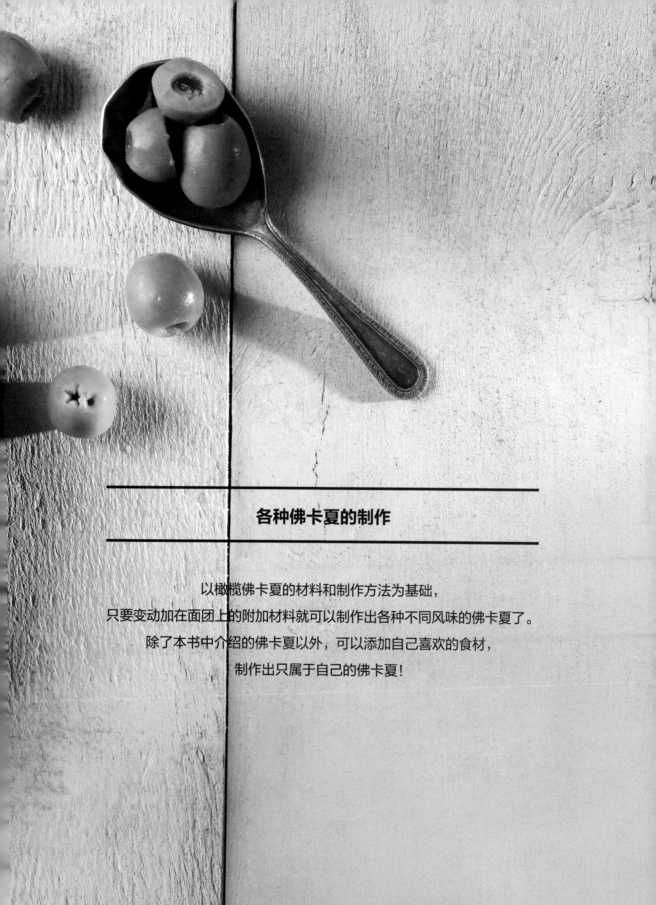

各种佛卡夏的制作

以橄榄佛卡夏的材料和制作方法为基础，
只要变动加在面团上的附加材料就可以制作出各种不同风味的佛卡夏了。
除了本书中介绍的佛卡夏以外，可以添加自己喜欢的食材，
制作出只属于自己的佛卡夏！

圣女果茄子佛卡夏

用番茄和茄子制作的佛卡夏拥有更加丰富的口感。番茄的微酸加上茄子的清谈产生了极佳的美味。

材料 ————————————

橄榄佛卡夏材料（参照143页），只是附加材料不同。

圣女果干 20个，茄子 1个，橄榄油 少许

制作方法 ————————————

1 圣女果干的制作方法参照圣女果面包中的做法（参照100页）。茄子切成厚度为0.8~1厘米的圆片后，倒入平底锅中用橄榄油将前后面都略微煎一下后出锅。

2 之后的过程与橄榄佛卡夏的制作方法相同（参照144页）。只是在步骤11中将上述步骤1准备好的材料放于面团上，再用毛刷轻轻地在面团表面涂上橄榄油。在面团上添加罗勒叶也很不错。

洋葱佛卡夏

　　洋葱是无论在何处使用都很合适的食材。与奶酪一起放于佛卡夏面团上烤制出的味道，无论是谁都不会拒绝的。

材料 ————————

橄榄佛卡夏材料（参照143页），只是附加材料不同。

洋葱 1/2个，切达奶酪片 3张，黑胡椒 少许

制作方法 ————————

1　将洋葱切成细丝后用凉水冲洗掉辛辣味，过滤掉水分。

2　之后的过程与橄榄佛卡夏的制作方法相同（参照144页）。只是在步骤11中在每个面团上各放一张切达奶酪片，将上述步骤1的洋葱满满地铺在奶酪上，直到看不到奶酪为止，再撒上研磨后的黑胡椒。

三文鱼芦笋佛卡夏

　　加入了三文鱼和芦笋后制作出的佛卡夏可以当作一顿正餐来享用。
丰富多变的外观也增添了制作的趣味。

材料 ————

橄榄佛卡夏材料（参照143页），只是附加材料不同。

三文鱼 3~6块，芦笋 9~12根，腌制的刺山柑 9~12粒，洋葱 1/4个，橄榄油、柠檬少许

制作方法 ————

1　将芦笋倒入平底锅中，使用小火，在火苗上方10厘米左右用橄榄油将前后面都略
　　微煎一下后出锅。将洋葱切成细丝后用凉水冲洗掉辛辣味，过滤掉水分。

2　之后的过程与橄榄佛卡夏的制作方法形同（参照144页）。只是在步骤11中将上
　　述步骤1的洋葱均匀地洒在面团上后，在每个面团上放入3~4个上述步骤1中的芦
　　笋、1~2块三文鱼和3~4粒腌制的刺山柑。在三文鱼上挤上几滴柠檬汁，最后在面
　　团表面略微涂上点橄榄油。

普罗旺斯香草面包

薄树叶形状的普罗旺斯香草面包和搭配咖喱吃的馕很相似。其优点是可以根据不同的喜好制作成各种形状，并且烤制时间短。

材料

与橄榄佛卡夏材料相同（参照143页）。

制作方法

1 到步骤10为止按照橄榄佛卡夏的制作方法操作（参照144页）。

2 上述步骤1的面团膨胀到1.5倍大时用擀面棍擀成椭圆形或琵琶形。

3 按照树叶的纹理用刮板在面团上划口子。

4 将上述步骤3的面团移动到特氟龙高温烘焙布或烤盘上并保持好树叶形状，在室温下发酵20~30分钟。

5 台式烤箱以上下火230/230℃进行预热，放入面团后将上下火降低至210/200℃并使用蒸汽功能烤制8~10分钟。或使用家用恒温对流烤箱以220℃进行预热，放进面团后在200~210℃下烤制8分钟（可省略蒸汽功能）。

— TIP — 小贴士　使用橄榄、培根和迷迭香放在普罗旺斯香草面包的面团上也是不错的搭配，还可以在面团表面刷上橄榄油后进行烤制。
根据喜好的不同也可以撒上帕玛森奶酪粉或黑胡椒、辣椒。

PART 3

BAGEL
—— 贝果 ——

原味贝果

原味贝果以其清淡的口感制作成任何一款三明治都很合适，其特点是外皮有嚼劲而内在湿润柔软。刚烤出的贝果可装入保鲜袋中密封并冷冻保藏，拿出来食用时仍然保有新鲜度。以原味贝果的制作方法为基础，以后根据个人喜好可在和面时加入不同的食材做出独特的贝果。

4个的分量

面团材料

高筋面粉 260克

盐 4克

水 100克

鲜酵母 8克（或即发酵母 4克）

糖 12克

水 155克

和面

1 将所有材料放入面包机中低速运转2分钟，再中速运转4~8分钟后确认面筋状态。面筋状态如图1-2中一样拉长面团时能映透出手指的程度即可。

2 观察状态后再揉和1~2分钟。

3 将面团团成光滑的球形。

一次发酵，揉面

4 步骤3的面团温度应为28~30℃。

5 一次发酵30~50分钟，步骤4的面团膨胀到2.5倍左右。

切分	松弛
6　将步骤5的面团切分为4等份，每个约106克。	7　将切分好的面团分别排出气体并团成球形，松弛10~20分钟。

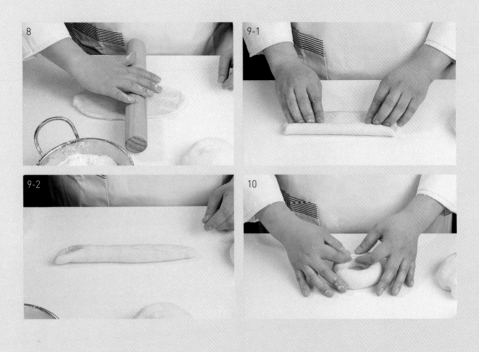

成形

8 用擀面棍将步骤7的面团擀成椭圆形。

9 将步骤8的面团一边轻轻地拉拽、一边慢慢地卷起来。

10 将步骤9的面团首尾相接成环形，做出贝果的形状。

———— 二次发酵 ————

11 将步骤10分别放于食品用硫酸纸或纸质玛芬蛋糕模具上，二次发酵15~20分钟，当面团膨胀到1.5倍时发酵结束。

———— 烫面 ————

12 二次发酵进行的同时准备好烫面的糖水。在大煮锅中倒入约80%的热水再放1~2大勺糖后一起煮沸。烫面是为了在烤制时呈现出美味的色泽而在面团表面添加糖的步骤。也可用小苏打粉、淀粉糖浆和蜂蜜等代替糖。使用小苏打粉可使面包表面更富有弹性。

13 将二次发酵好的面团放入步骤12的糖水中略微焯一下即可，正反两面各焯35~60秒。

——— **烤制** ———

14　将步骤13的面团放在烤盘上。

15　台式烤箱以上下火205/150℃烤制15
　　分钟或家用恒温对流烤箱200℃进
　　行预热，将面团放入后用190℃烤
　　制约10分钟。烤出颜色后温度降到
　　180℃，再烤制3~5分钟。

—TIP—
小贴士

如果喜欢更筋道的口感，可以在低温下发酵。

1　按照基本步骤1~5执行，步骤5中的发酵时间由20~30分钟再略
　缩短。

2　将上述步骤1的面团切分为4等份，每个约106克。

3　将上述步骤2的面团放于带有盒盖的保鲜盒中，在盒盖上略微喷一
　些水后放入冰箱中低温发酵24小时。

4　将上述步骤3的面团取出在室温下解冻，根据季节的不同解冻时间
　也有所不同。

5　将解冻后的面团重新团成球形后松弛约20分钟。

6　松弛后按照基本步骤的8~15操作。

各种贝果的制作

以原味贝果的制作方法为基础，
只要改变和面材料就可以制作出各种不同风味的贝果。
快来根据自己的喜好来制作吧！

洋葱贝果

洋葱加热后会散发甜味，因此加入面团后，面团整体都会散发洋葱的香味和甜味。洋葱和培根、罗勒叶和胡椒搭配都非常的合适，一起添加到和面材料中或作为三明治材料也是不错的选择。

和面材料

高筋面粉 260克，盐 4克，鲜酵母 8克（或即发酵母 4克），糖 20克，水 150克
油炸洋葱 15~20克，橄榄油 5克

制作方法

制作方法与原味贝果相同（参照160页），只是在和面的最后阶段放入提前准备好的油炸洋葱并揉和均匀。

油炸洋葱　将100克洋葱切成边长约1厘米的立方块，倒入煎锅中用橄榄油略微煎出颜色即可。将油炸后的洋葱放在锡箔纸上晾干1~2天。

—TIP—
小贴士　　如果使用市场上销售的干洋葱，取5克干洋葱用橄榄油凉拌后使用。

黑芝麻贝果

　　将黑芝麻轻轻磨碎后加入到贝果面团中，与白芝麻一起使用味道更佳。制作出的贝果香气四溢，芝麻的香气充满整个口腔。

和面材料 ————————

高筋面粉 260克，盐 4克，鲜酵母 8克（或即发酵母 4克），黑糖 25克，水 155克

和面用黑芝麻 10克，装饰用黑芝麻 4克

制作方法 ————————

制作方法与原味贝果相同（参照160页），只是用小型搅拌机将和面用黑芝麻略微打碎后，在和面的最后阶段加入并揉和均匀。在烫面后将贝果放于烤盘上，在水分变干之前撒上装饰用黑芝麻。

坚果贝果

加入了各种坚果的贝果，吃起来能感受到坚果脆脆的口感也是趣味十足。制作好的贝果搭配奶油奶酪成为一顿营养均衡的正餐。

和面材料 ——————

高筋面粉 240克，全麦面粉 20克，盐 4克，鲜酵母 8克（或即发酵母 4克），糖 20克

水 165克，核桃、胡桃、南瓜籽、葵花籽 25～30克，装饰用坚果 少许

制作方法 ——————

制作方法与原味贝果相同（参照160页），只是将坚果在烤箱中以170℃烤制10~15分钟，烤出颜色后在和面的最后阶段放入并揉和均匀。在烫面后将贝果放在烤盘上，水分变干之前撒上装饰用黑芝麻。

— TIP —
小贴士

坚果会慢慢地渗出油分，为了使面团表面的装饰用坚果也能略微带有色泽，同时去腥并增加风味，需要略微烤制后使用。

柚子蔓越莓贝果

　　加入了有甜味的柚子酱和有酸味的蔓越莓制作出酸甜味的贝果，直接吃或搭配果酱、奶油奶酪都非常美味。

和面材料 ————

高筋面粉 260克，盐 4克，鲜酵母 8克（或即发酵母 4克），水 150克

柚子酱 40克，朗姆酒腌制的蔓越莓 16克

制作方法 ————

制作方法与原味贝果相同（参照160页），只是在和面的最后阶段加入柚子酱和蔓越莓并揉和均匀。

TIP
小贴士

柚子酱应将果肉和糖汁一同称量。
柚子酱因水分会流失所以和面时要注意调节。

肉桂葡萄干贝果

　　肉桂和葡萄干的梦幻组合不止是在贝果中，在肉桂卷、面包、丹麦面包中等各种面包的制作中都可以灵活使用。加入巧克力碎增加些甜味也很不错。

和面材料 ————————

高筋面粉 240克，全麦面粉 20克，糖 20克，盐 4克，鲜酵母 8克（或即发酵母 4克）

水 165克，肉桂粉 2小勺，朗姆酒腌制的葡萄干 20～30克

制作方法 ————————

制作方法与原味贝果相同（参照160页），只是将朗姆酒腌制的葡萄干和肉桂粉混合搅拌后，在和面的最后阶段加入并揉和均匀。

蓝莓贝果

这是一款具有蓝莓清爽口感和紫色的贝果。本书中使用的虽然是冷冻蓝莓，也可使用蓝莓干增加有嚼劲的口感。

和面材料 ———————

高筋面粉 260克，盐 4克，鲜酵母 8克（或即发酵母 4克），水 80克，冷冻蓝莓 100克

制作方法 ———————

制作方法与原味贝果相同（参照160页），只是将冷冻蓝莓和水一起用搅拌机搅拌后，在和面的开始阶段便加入。此时要注意调节好面团的水分含量。

—— TIP ——
小贴士

如果使用蓝莓干，在卷成贝果形状时放入成形即可。

奇亚籽豆沙贝果

　　与红豆面包一样，在贝果中加入红豆沙后也别有一番风味。加入奇亚籽可以增加贝果的嚼劲，还可以加入兰香子等各种植物种子，制作出有益健康的贝果。

和面材料 ————————————

高筋面粉 260克，盐 4克，鲜酵母 8克（或即发酵母 4克），糖 15克，水 160克
奇亚籽 1大勺，成形用红豆沙 140克

制作方法 ————————————

制作方法与原味贝果相同（参照160页），只是在和面的最后阶段加入奇亚籽并揉和均匀。将红豆沙每35克搓成长条形，在成形步骤中用擀面棍将面团擀成椭圆形，将红豆沙条放在面团上并卷起来。

译者注：根据我国相关规定，奇亚籽应限制用量和使用频率，可使用鼠尾草籽等其他种子进行代替。

墨鱼汁贝果

加入了墨鱼汁变成乌黑的贝果，在内外都满满地加入黄色奶酪。因为使用了三种不同的奶酪，不仅外表诱人，而且口感丰富。

和面材料 ————

高筋面粉 260克，盐 3克，鲜酵母 8克（或即发酵母 4克），糖 15克，墨鱼汁 15克
水 150克，奶酪条 20克，奶酪片 2张，奶酪丝适量

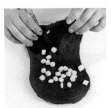   

制作方法 ————

制作方法与原味贝果相同（参照160页），只是在和面的开始阶段加入墨鱼汁，和面的最后阶段加入小块奶酪条并揉和均匀，揉和时注意不要将奶酪弄碎。在成形步骤中用擀面棍将面团擀成椭圆形，将奶酪片切为两半呈长条形，在每个面团上各放入一个长条奶酪片并卷起来。在烫面后将贝果放于烤盘上，在水分变干之前撒上装饰用奶酪丝。

—TIP—
小贴士

可使用市场上贩卖的墨鱼汁产品。墨鱼汁奶酪贝果上的装饰用奶酪也可和洋葱片一起满满地撒在面团上再进行烤制。没有奶酪条时也可使用比萨用奶酪。

培根胡椒贝果

和面时加入培根和胡椒制作出的贝果可以当作一顿正餐来享用。再加入鸡蛋和芦笋制作成三明治会更加美味。在本食谱的基础上再添加希腊金椒粉和香草等调味料也是不错的选择。

和面材料 ————————

高筋面粉 260克，盐 4克，鲜酵母 8克（或即发酵母 4克），黄糖 15克，水 160克
和面用研磨胡椒 1克，培根干 10克，成形用研磨胡椒 1大勺

制作方法 ————————

制作方法与原味贝果相同（参照160页），只是在和面的最后阶段加入培根干、和面用研磨胡椒并揉和均匀。在烫面后将贝果放于烤盘上，在水分变干前撒上成形用研磨胡椒。

— TIP —
小贴士

和面用胡椒可用专用的胡椒研磨器轻轻磨碎或使用小型搅拌机略微搅拌一下。
最好使用市场上贩卖的培根干碎块（沙拉用）。
如果使用熏制培根，先用煎锅将培根煎脆后出锅，除去油水后将培根切碎。

覆盆子酱

牛奶酱

牛奶&奶茶酱

Plus recipe

附加食谱

适合搭配面包的
自制果酱和奶酪蘸酱

香醋调味汁

乳清奶酪酱

牛奶酱

材料 600毫升的分量

牛奶 900毫升，鲜奶油 500毫升，糖 200克（根据个人的喜好可适当增减）

制作方法

1　将全部材料倒入煮锅中煮。

2　为防止糊锅不停地用铲子边搅拌边煮40分钟。

3　煮稠之后滴入一滴凉水，若没有扩散开则完成。

4　将完成的牛奶酱装入消过毒的玻璃瓶中，趁热盖上瓶盖。

5　将瓶盖朝下颠倒放置，运用热度和压力来密封。第一次打开瓶子时听到"砰"的一声，说明和空气完全隔绝。

TIP
小贴士
将全部材料倒入煮锅时，材料应占煮锅容积的一半左右，如果煮锅太小则煮的时候会溢出来。
对玻璃瓶进行消毒时将瓶身与瓶盖一起放入凉水中并煮沸。如果直接将玻璃瓶放入沸水中消毒，瓶身会炸裂。

牛奶&奶茶酱

材料 600毫升的分量

奶茶酱： 牛奶 450毫升，鲜奶油 250毫升，糖 90克，伯爵红茶茶包 3个，水 80毫升

牛奶酱： 牛奶 450毫升，鲜奶油 250毫升，糖 90克

制作方法

1　先制作奶茶酱。在煮锅中倒入水煮沸后关火，将3个伯爵红茶茶包放入煮锅中浸泡约10分钟。

2 在步骤1中加入牛奶、鲜奶油和糖，将其中2个茶包拿出并将剩下的茶包弄破后一起煮开。

3 为防止糊锅不停地用铲子边搅拌边煮40分钟。

4 煮稠后滴入一滴凉水，若没有扩散开则完成。

5 将完成后的牛奶酱装入消过毒的玻璃瓶中。

6 用另一个煮锅制作牛奶酱，将步骤5的奶茶酱冷却后倒入牛奶酱中。根据两种酱混合比例的不同可以制作出各种浓度的蘸酱。

覆盆子酱

材料 600毫克的分量

奶茶酱： 覆盆子 500克，糖 250克，柠檬 1/2个

制作方法

1 将覆盆子和糖倒入碗中充分搅拌，用铲子轻轻地将果肉弄碎。

2 将步骤1倒入煮锅中，防止糊锅不停地用铲子边搅拌边煮至黏稠。

3 果酱快要完成时加入柠檬皮的细丝和柠檬汁后再煮一会儿。

4 煮稠后滴入一滴凉水，若没有扩散开则完成。

5 将完成的牛奶酱装入消过毒的玻璃瓶中，趁热盖上瓶盖后倒置。

— TIP —
小贴士

方便起见可使用冷冻覆盆子。蓝莓、芒果等不同的冷冻水果均可用相同方法制作果酱。
用放了小苏打的水清洗柠檬皮并用清洁球清洗柠檬表面的缝隙处，再在水龙头下冲洗干净后备用。

乳清奶酪酱

材料 600毫升的分量 —————

牛奶 1000毫升，鲜奶油 500毫升，盐 1~2小勺，柠檬汁 1个的分量（40毫升）

制作方法 —————

1　将牛奶、鲜奶油和盐一起倒入煮锅中煮，注意用中火煮不要溢锅。

2　在步骤1中加入柠檬汁后轻轻搅拌并煮沸。

3　牛奶凝固结块后用小火再煮10~20分钟，不要过度搅拌。

4　在过滤网上铺上湿的棉布后，将步骤3过滤。

5　为使乳清分离，将过滤网及过滤物整体放入冰箱中冷藏保管12个小时，变硬后则完成。

—TIP—
小贴士

不加入鲜奶油，只用牛奶、盐和柠檬汁可制作出低脂的乳清奶酪酱。

香醋调味汁

将橄榄油和意大利香醋两种材料混合即可。制作非常简单，用清淡口味的面包蘸着吃味道极佳。特别适合与夏巴塔和佛卡夏一起食用。根据个人喜好可以添加罗勒叶、迷迭香等香草。

制作简单的附加食谱

不需要另外准备小碗，混合到一起即可。

草莓奶油奶酪酱

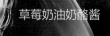
肉桂奶油奶酪酱

炼乳奶油奶酪酱

罗勒叶奶油奶酪酱

花生奶油奶酪酱

柚子奶油奶酪酱

—
草莓奶油奶酪酱
奶油奶酪 80克，炼乳 10克，草莓 5个弄碎（60~70克），盐 少许
TIP
除草莓以外，蓝莓、香蕉、菠萝、猕猴桃等均可以做成奶油奶酪酱。

使用2~3勺草莓酱代替鲜草莓制作更加简便。

虽然不放盐也可以，但加入极少量的盐能够更激发甜味。

—
炼乳奶油奶酪酱
奶油奶酪 80克，炼乳 20克，盐 少许
TIP
使用槐花蜂蜜、枫糖浆或巧克力糖浆等代替炼乳也是不错的选择。

—
罗勒叶奶油奶酪酱
奶油奶酪 80克，酸奶油 80克，罗勒酱 30~40克
TIP
罗勒酱（200克为基准）： 罗勒叶 100克，蒜 5头，帕玛森奶酪粉 12克，松子 12克

橄榄油 70毫升，盐、胡椒各一把放入搅拌机中搅拌

—
肉桂奶油奶酪酱
奶油奶酪 80克，炼乳 10克，肉桂粉 3克
TIP
与肉桂非常搭配的香蕉、苹果等一起制作三明治会非常美味。

—
花生奶油奶酪酱
奶油奶酪 80克，花生酱 40克，枫糖浆 10克

—
柚子奶油奶酪酱
奶油奶酪 80克，柚子酱 40克，酸奶油 30克